주니어 셰프 & 파티시에

송보가, 윤선혜 지음

파티시에 편

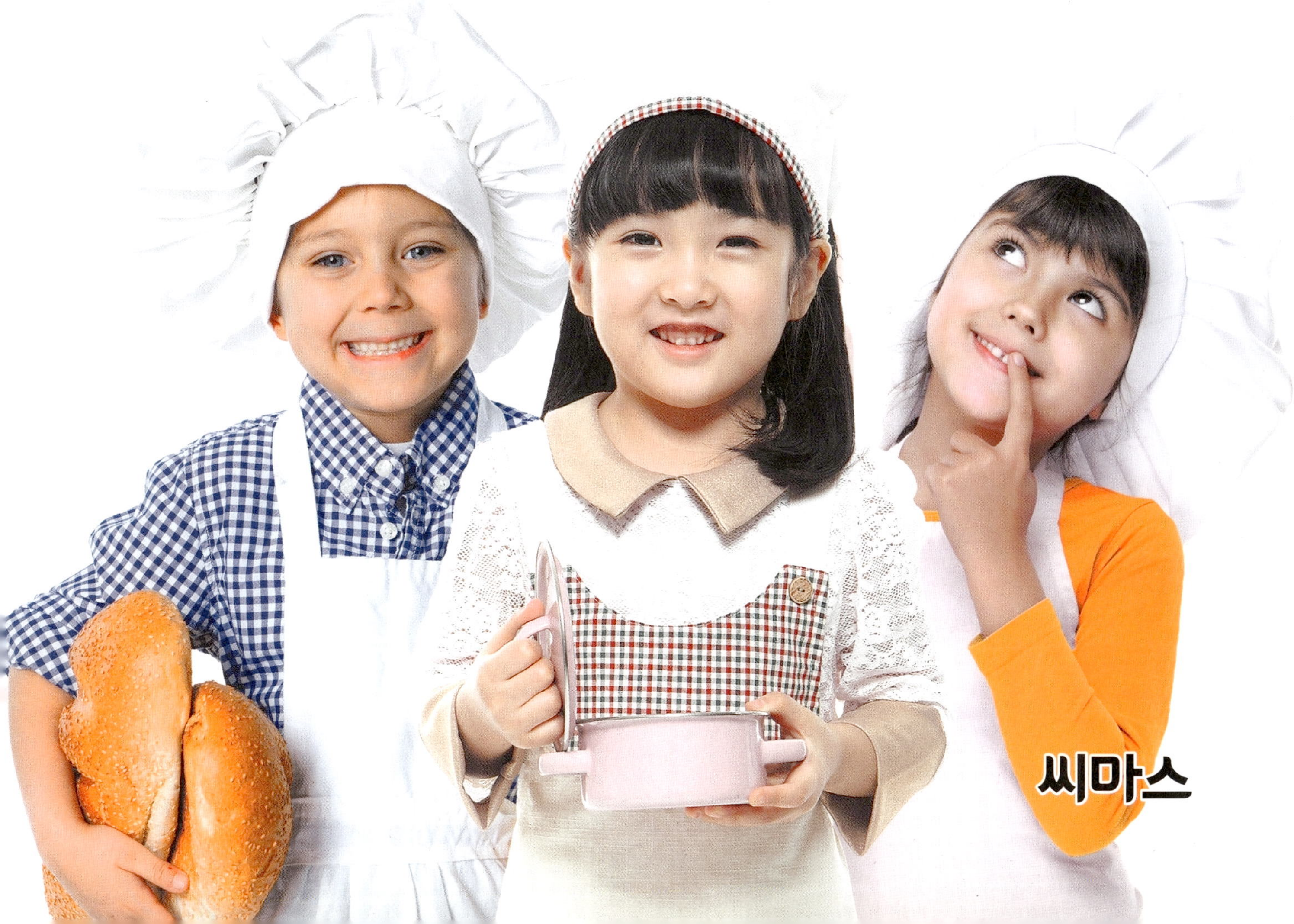

씨마스

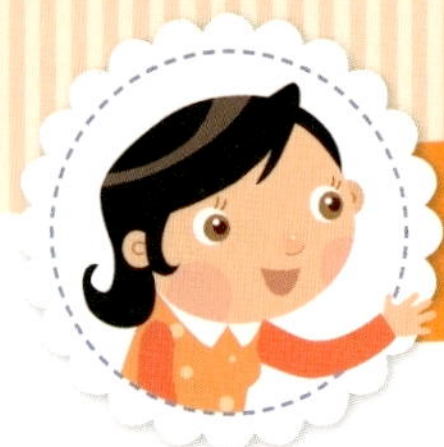

선생님을 소개해요!

✱ 송보가

현재 하는 일 : 한국식생활교육원 원장

예전에 한 일 : 아동요리 지도자 양성과정 강사(노동부 계좌제)
바른먹거리 지도자 양성과정 강사(노동부 계좌제)
조리직업전문학교 영양학 강사
평생교육기관 식생활교육 강사

공부한 학교 : 숙명여자대학교 대학원 전통식생활문화 전공 석사
중국어학과, 식품영양학과 전공 학사

이수한 교육 과정 : 궁중 음식 초급·중급 과정, 사찰음식 정규 과정,
생활 다도 기초 과정, 로하스 전문 영양사 과정 이수

보유 자격증 : 영양사·위생사 면허증, 한식·양식·일식·중식조리, 복어조리,
제과·제빵 기능사, 푸드 코디네이터, 바리스타, 채소 소믈리에,
아동요리 교육지도사, 편식지도자, 요리치료 지도자 자격증

✱ 윤선혜

현재 하는 일 : 한국식생활교육원 부원장
꿈담 교육농장 부원장
방과 후 아동요리 우수강사
특수아동 요리치료강사

예전에 한 일 : 아동요리 지도자 양성과정 강사
조리직업전문학교 교육강사

공부한 학교 : 숙명여자대학교 대학원 전통식생활문화 전공 석사
가정교육학, 호텔조리학과 전공 학사

이수한 교육 과정 : 전통음식문화 연구원 전통음식문화 지도자 과정

보유 자격증 : 가정·조리 2급 정교사 교원 자격증, 보육교사 1급, 직업능력개발훈련 교사
조리 3급, 한식·양식조리, 제과 기능사, 바리스타 자격증 등

✱포토그래퍼 **유진호**(한국식생활교육원)

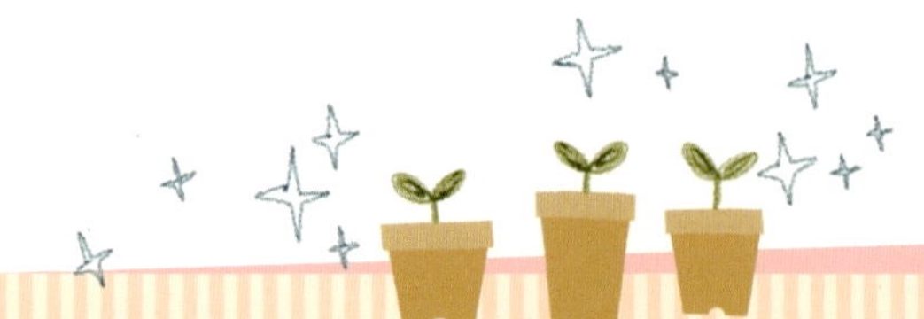

머리말

우리가 무심코 먹는 먹거리는 하루의 삼시 세끼가 차곡차곡 밑거름이 되어 우리의 아이들을 길러 냅니다. 먹거리는 신체적인 건강뿐 아니라, 정신적인 건강까지 만들어 내는 우리 아이의 성장 원동력입니다.

먹거리의 영향을 가장 많이 받는 "주니어" 시기에,
스스로 바른 먹거리에 흥미를 가질 수 있도록
다양하고 재미있는 요리 관련 역사, 과학, 미술, 수학, 동화, 세계 여행, 오감 발달, 인성 발달, 사회성 발달, 전통 문화 체험, 식생활 교육, 조리 원리, 직업 체험 등의 영역으로 다양한 주제와 맛있는 생각들을 얻을 수 있도록 이 책을 구성하였습니다.

저희는 우리나라의 건강한 식생활을 실천하는 주니어들을 꿈꾸며 바른 식재료와 식료품을 선별하고, 바른 먹거리를 만들어 먹고, 올바른 식습관을 기르며, 이를 생활화할 수 있도록 프로그램을 개발하였습니다.
직업 활동 체험이 가능한 주니어 셰프 프로그램은 크게 셰프와 파티시에, 마스터 셰프 편으로 구분되며 이를 주제로 호기심 가득한 요리 활동을 통해 올바른 식습관을 길러 건강한 주니어가 되는 데 조금이나마 도움이 될 수 있기를 바랍니다.

『주니어 셰프 & 파티시에』로 재밌게 공부하고 활동하며, 즐겁게 동영상도 찾아보시기 바랍니다.

한국식생활교육원에서
저자 일동

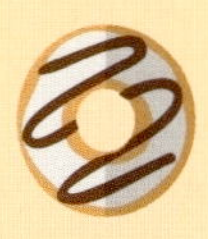
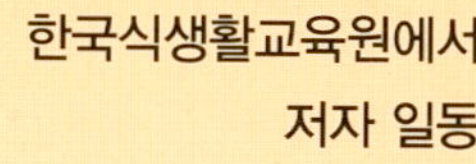

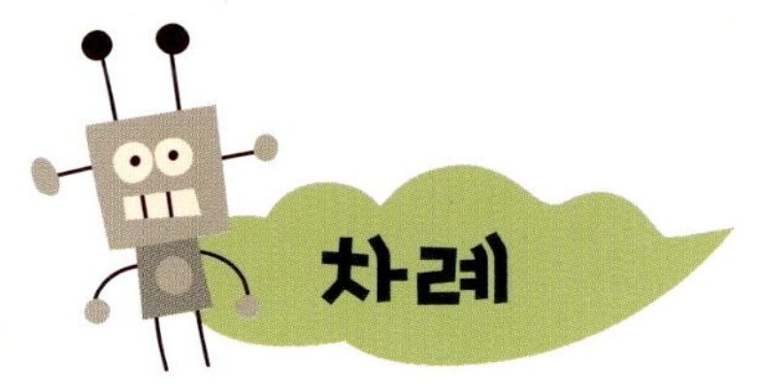

차례

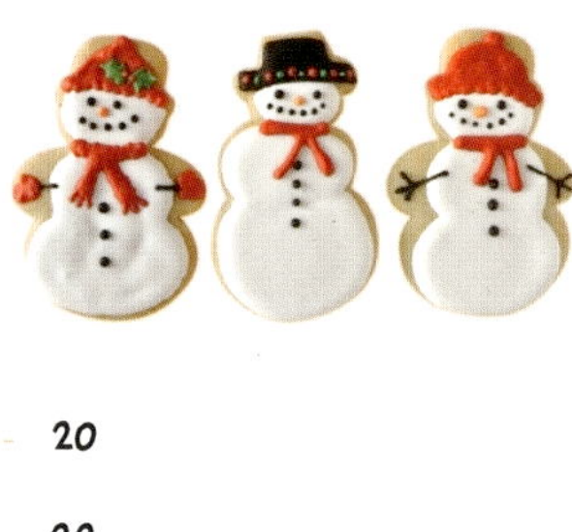

주니어 파티시에편

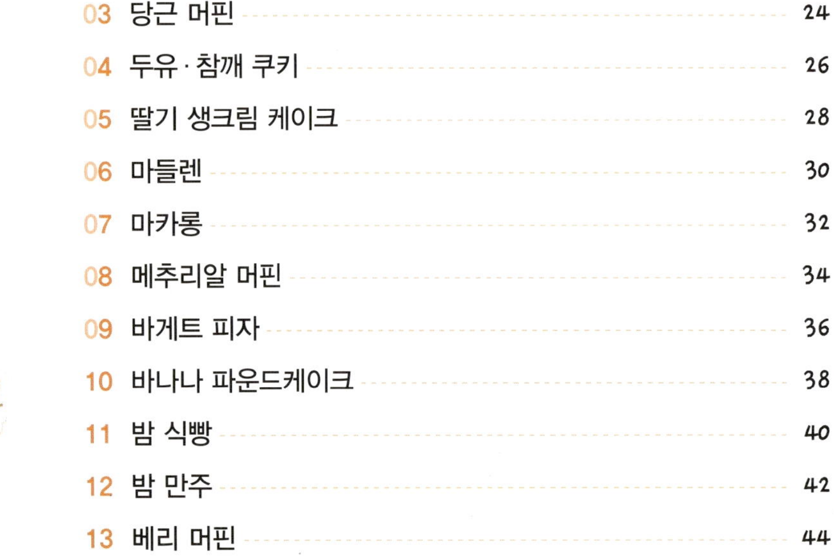

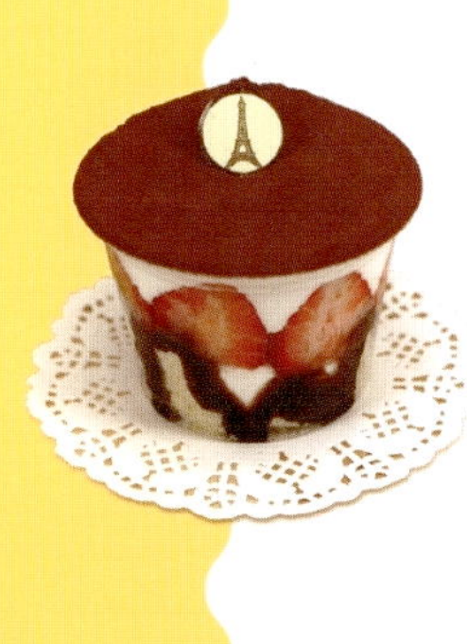

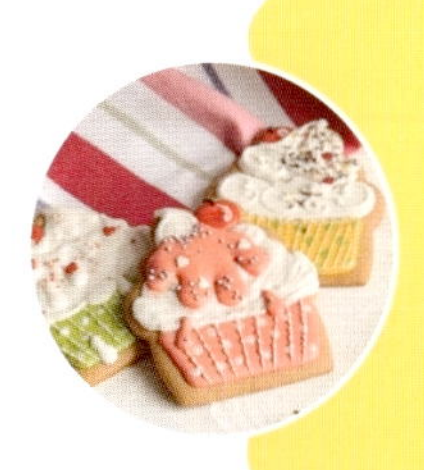

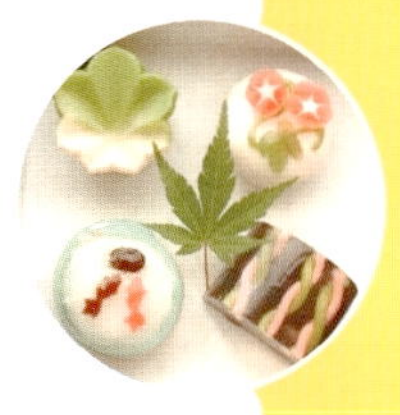

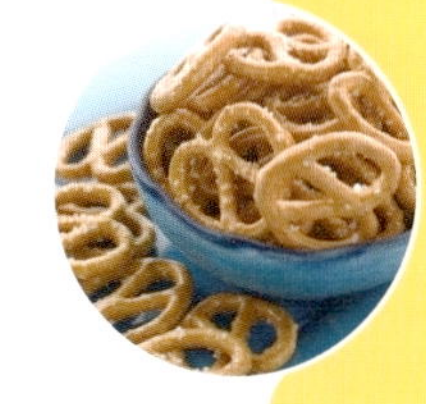

스티커 1 요리 재료

스티커 2 요리 도구

스티커 3 요리 이름표

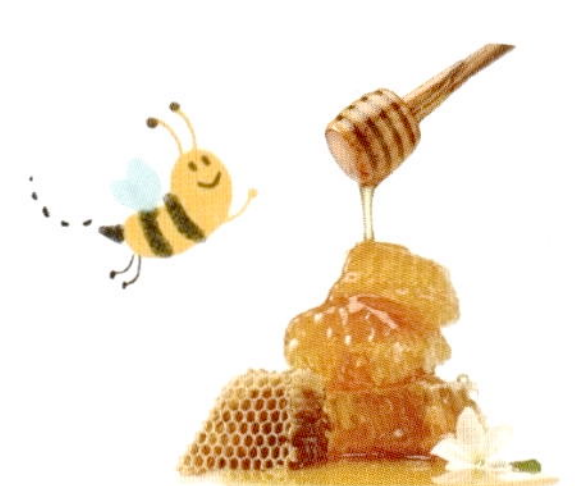

이렇게 준비해요!

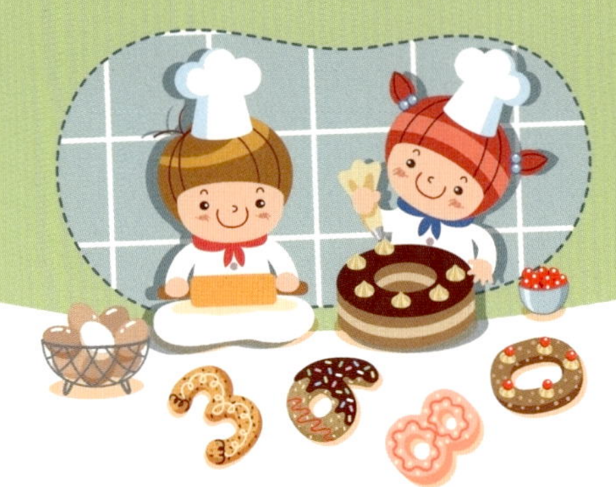

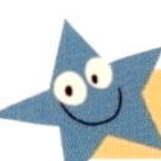 **주니어 셰프 / 주니어 파티시에 시험 안내**

1. 시험 일정

• 시험은 1년에 4번(5월, 8월, 11월, 2월 말경) 있어요.

2. 시험 접수 방법

• 시험 접수 및 문의 사항은 www.ikde.co.kr에서 할 수 있어요.

• 시험 접수 기간은 원서 접수 첫날 아침 10시부터 마지막 날 저녁 6시까지예요.

• 주니어 셰프와 주니어 파티시에는 시험 일정이 다르므로, 응시하고자 하는 시험 일자와 장소를 꼭 확인해 주세요.

• 원서 접수 후에는 시험 일자와 장소를 꼭 기억해 주세요.

3. 시험 진행 방법

• 수험자는 자신의 수험 번호와 시험 일자와 시간 및 장소를 정확히 확인하고, 시험 시간 30분 전에 시험장에 도착해 주세요.

• 출석을 확인한 후 등번호를 배정받고, 감독 위원의 지시에 따라 시험장에 입실해 주세요.

• 필기시험을 먼저 볼 거예요.

• 필기시험을 볼 때는 다른 친구들의 시험지나 요리책을 보면 안 돼요.

• 필기시험이 끝나고 30분 후, 실기 시험이 이루어져요.

• 실기시험을 볼 때는 대기실에서 위생복이나 앞치마로 갈아입고 기다려 주세요.

• 출석을 확인한 후 등번호를 배정받고, 감독 위원의 지시에 따라 실기시험장에 입실해 주세요.

• 배정받은 등번호대로 준비된 조리대에서 조리 기구와 수험자의 준비물을 정리정돈하고, 차분한 마음으로 시험을 준비해 주세요.

• 재료를 지급받으면 이상이 없는지 확인하고, 이상이 있으면 감독 위원에게 알려서 시험이 시작되기 전에 문제를 해결할 수 있도록 하세요.

• 수험자는 요구 사항을 충분히 이해하고, 정해진 시간 내에 지정된 요리를 완성해서 제출해 주세요.

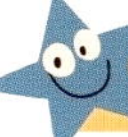 **주니어 셰프 시험의 검정 기준**

응시하는 종목에 대하여 올바른 지식을 가지고 있으며, 음식을 만들고, 먹고, 나누는 것을 즐기는 자로, 바른 식재료 선별법과 조리 원리를 이해하고, 이를 바르게 실천하기 위한 식습관을 습득하여 올바른 식생활을 숙련되게 수행할 수 있는 요리 능력의 유무를 확인합니다.

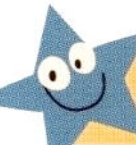 **주니어 파티시에 시험의 검정 기준**

응시하는 종목에 대하여 올바른 지식을 가지고 있으며, 음식을 만들고, 먹고, 나누는 것을 즐기는 자로, 바른 식재료 선별법과 제과·제빵의 조리 원리를 이해하고, 이를 바르게 실천하기 위한 식습관을 습득하여 올바른 식생활을 숙련되게 수행할 수 있는 베이킹 능력의 유무를 확인합니다.

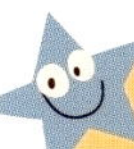 **주의 사항**

1. 시험 전날 준비 사항

- 수험자는 준비물을 꼼꼼히 챙겨 주세요.(앞치마 또는 위생복)
- 장신구(시계, 반지, 팔찌) 등의 착용과 매니큐어는 하지 않습니다.
- 위생복 또는 앞치마는 깨끗하게 준비해 주세요.
- 책 속의 회색 글씨를 따라 적으며 열심히 공부한 「주니어 셰프 & 파티시에」를 준비해 주세요.

2. 시험 당일

- 수험자는 자신의 수험 번호와 시험 일자와 시간 및 장소를 확인하고, 시험 시간 30분 전에 시험 장에 도착해 주세요.
- 출석을 확인한 후 등번호를 배정받고, 감독 위원의 지시에 따라 시험장에 입실해 주세요.

3. 실기시험장에서의 주의 사항

- 배정받은 등번호 대로 준비된 조리대에서 조리 기구와 수험자 준비물을 정리정돈하고, 차분한 마음으로 시험을 준비해 주세요.
- 조리 기구를 사용할 때는 안전에 주의하고, 특히 손을 다쳤을 경우에는 바로 감독 위원에게 알려서 조치를 취해 주세요.(시험 점수에는 반영되지 않으니 걱정 마세요.)
- 지급된 재료는 추가 지급되지 않아요.
- 요리가 완성되면 감독 위원이 지시하는 장소로 제출해 주세요.
- 요리 제출 후에는 본인의 조리 작업대를 깨끗이 청소하고, 조리 기구를 정리정돈한 후 감독 위원의 지시에 따라 퇴장해 주세요.

이 책은 이렇게 활용해요!

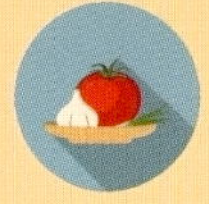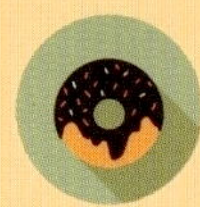

만들 요리의 이름이에요.

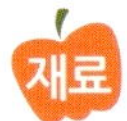

1인분을 기준으로 만들 요리에 필요한 식재료들이 적혀
있어요. 재료의 계량은 상황에 따라 변경할 수 있어요.

요리를 만들 때 필요한 도구들이 적혀 있어요.

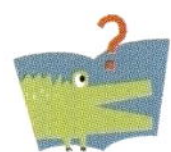

해당 요리에 관련된 궁금증을 해결할 수 있어요.

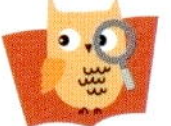

조리 과학, 세계 요리 여행, 수학, 동화, 미술, 역사, 자연, 영
양 등의 다양한 영역에서 맛있는 지식을 얻을 수 있어요!

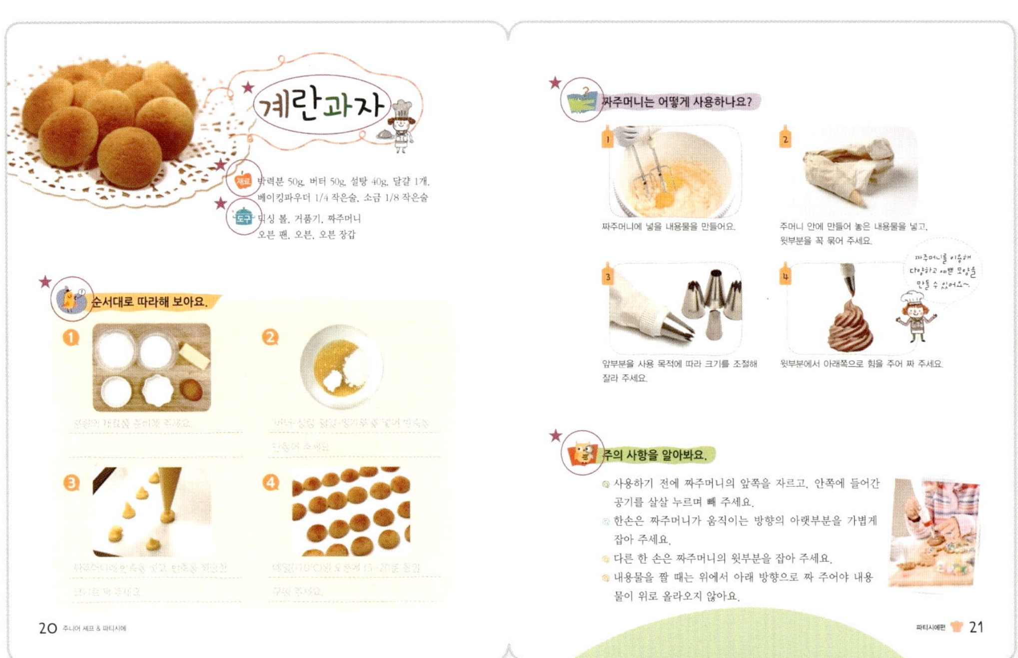

번호 순서대로 조리해 주세요. 4개의 순서로 부족한
부분은 동영상과 활동 내용을 참고해 주세요.

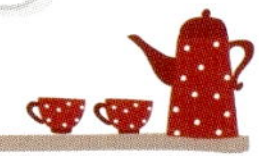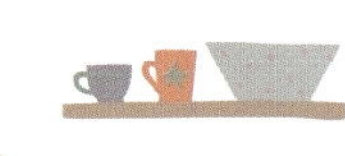

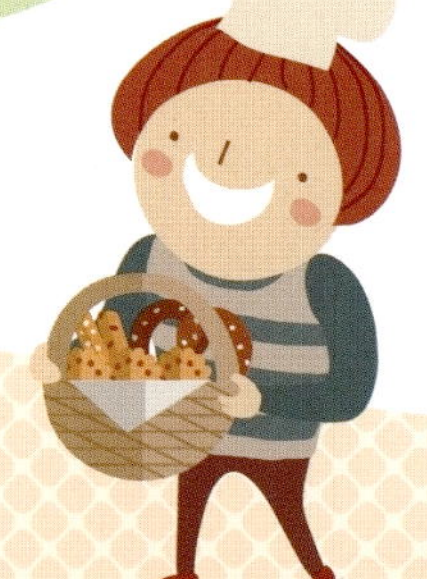

요리와 활동지를 완성한
후에는 더 맛있게 즐길 수 있어요.
오늘의 요리 과정을 모두 마치면
"주니어 셰프" 또는 "주니어 파티시에"
자격증에 도전할 수 있어요.

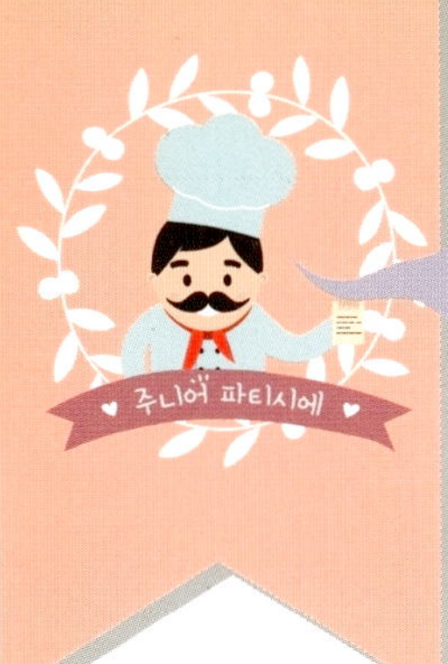

도전해 보아요!

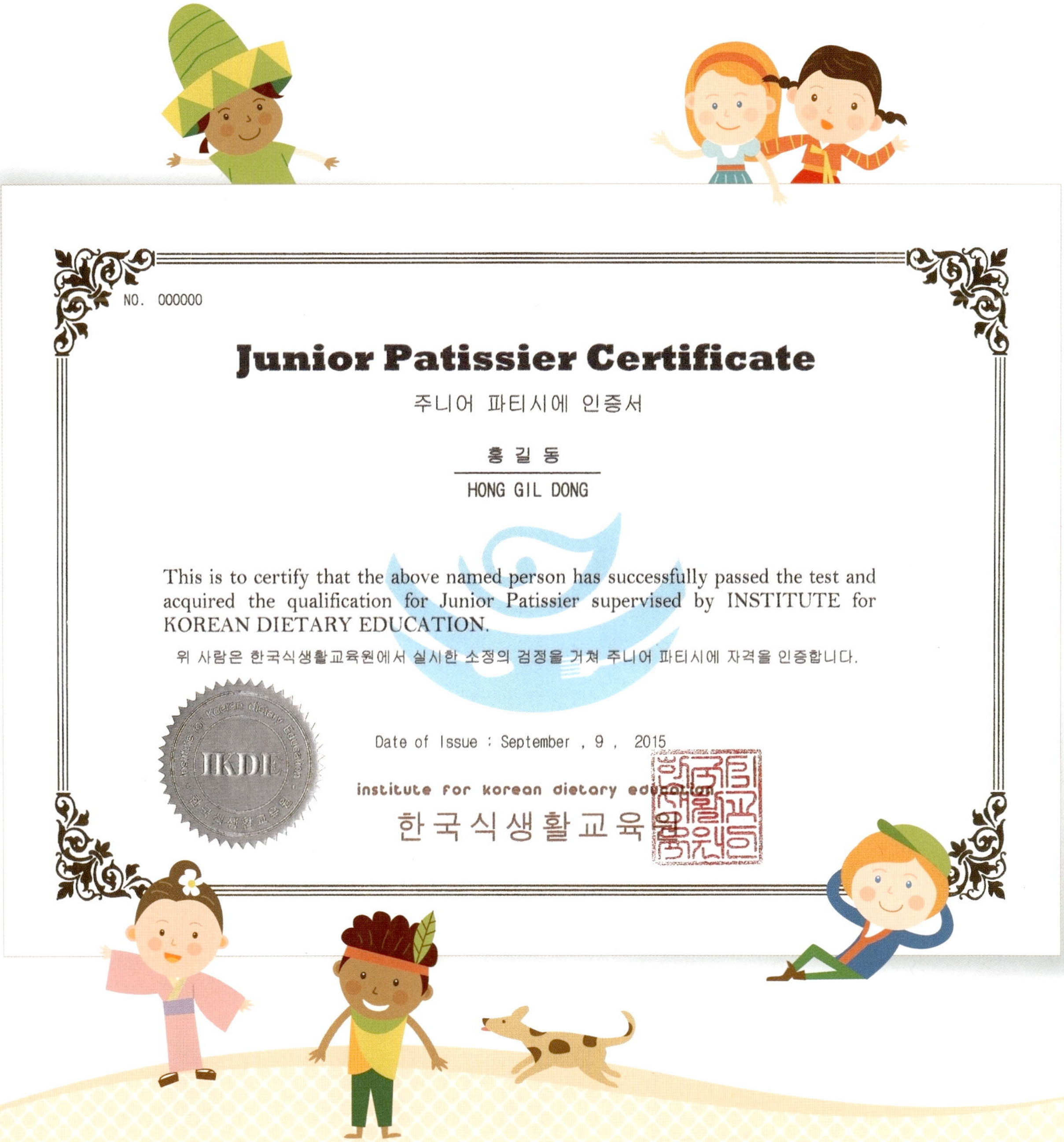

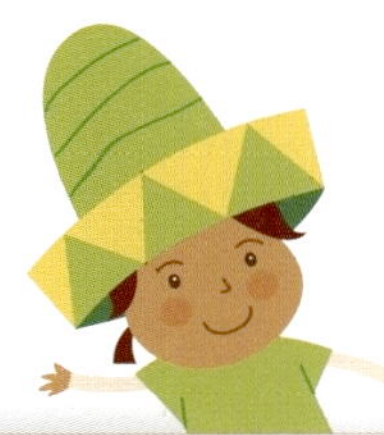

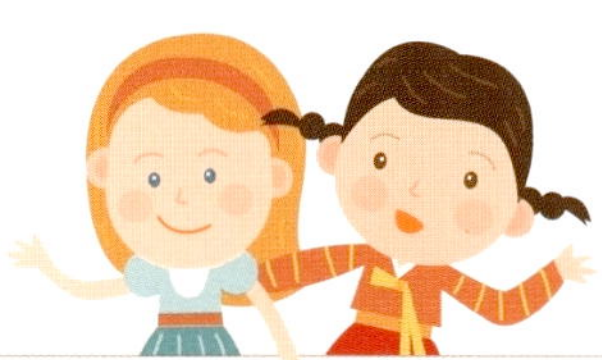

NO. 000000

Junior Patissier Certificate

주니어 파티시에 인증서

홍 길 동
HONG GIL DONG

This is to certify that the above named person has successfully passed the test and acquired the qualification for Junior Patissier supervised by INSTITUTE for KOREAN DIETARY EDUCATION.

위 사람은 한국식생활교육원에서 실시한 소정의 검정을 거쳐 주니어 파티시에 자격을 인증합니다.

Date of Issue : September , 9 , 2015

institute for korean dietary education

한국식생활교육원

프라이팬	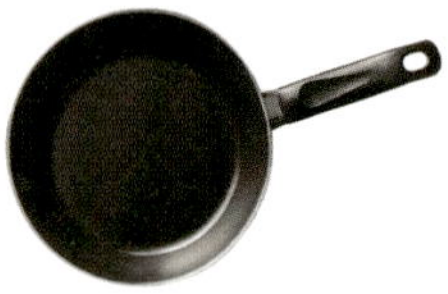	음식을 볶을 때 사용해요.
냄비	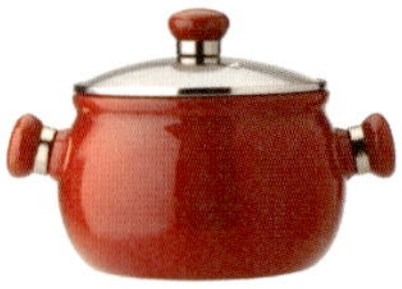	물을 넣고 끓이거나 삶을 때 사용해요.
도마		칼로 식재료를 썰거나 다질 때 사용해요.
칼	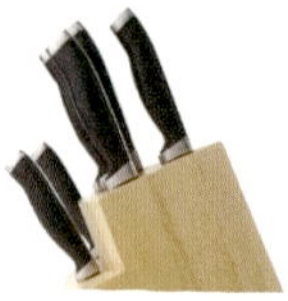	재료를 매끄럽게 썰어 줘요.
뒤지개	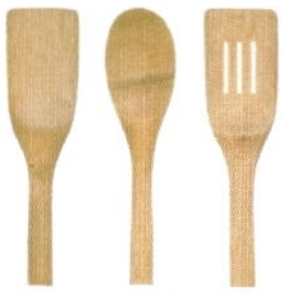	뜨거운 팬에서 음식을 뒤집을 때 사용해요.
찜기	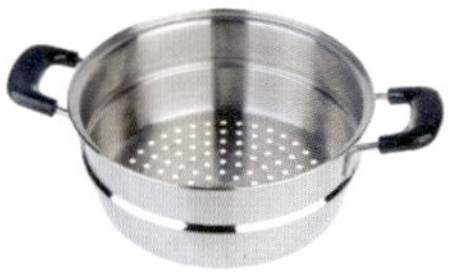	냄비 속에 넣고 물을 끓이면, 뽕뽕 뚫린 구멍으로 뜨거운 김을 뿜어내어 음식을 익혀 줘요.
체	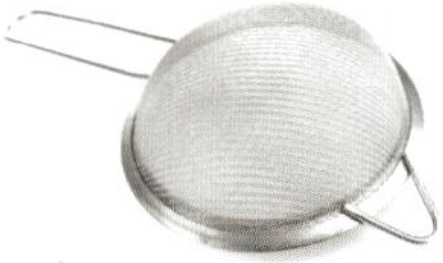	가루를 곱게 치거나, 물기를 뺄 때 사용해요.
볼	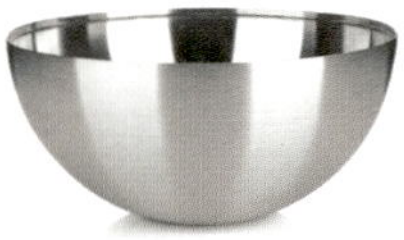	반죽을 하거나 여러 가지 재료를 섞을 때 사용해요.
오븐	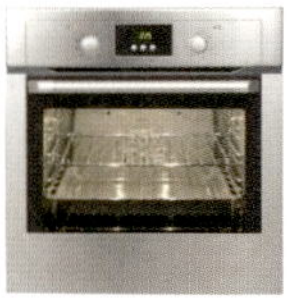	쿠키나 빵을 뜨거운 열을 이용해 익혀 줘요.

🍎 썰기 방법

깍둑 썰기		요기로 봐도, 조기로 봐도 똑같은 네모 모양으로 잘라 줘요.
채 썰기		가늘고 길게 썰어 줘요.
다지기		아주 작은 네모 모양으로 잘라 줘요.
납작 썰기		한쪽은 얇게, 한쪽은 넓게 썰어 줘요.
반달 썰기		동그란 재료를 반으로 자른 후. 납작하게 썰어 줘요.

🍎 계량 도구

계량 스푼		한 큰술은 15ml, 작은술은 5ml예요. 액체나 가루 재료의 양을 잴 때 사용해요.
계량 컵		한 컵은 200ml이에요. 액체나 가루 재료, 고체 재료의 양을 잴 때 사용해요.
계량 저울		2kg까지 잴 수 있는 주방용 저울이에요. 컵이나 스푼으로 정확하게 재기 어려울 때 사용해요.

밀가루		가장 기본 재료로 발효 과정을 거쳐 쫄깃쫄 깃한 질감의 글루텐을 만들어 빵의 모양을 형성하고, 다른 재료들을 함께 품어 맛을 높여 줘요.
달걀		완전식품인 달걀은 영양을 높이고, 기름과 수분이 잘 섞이도록 도와줘요. 또 음식 조직의 형태를 유지하고, 예쁜 노란색을 내어 먹음직스럽게 보이게 해 줘요.
당류		단맛을 내는 재료로 설탕, 물엿, 슈거파우더, 꿀 등 다양한 형태가 있어요. 이스트의 먹이가 되어 발효를 돕기도 하고, 열에 의해 갈색을 나타내 주며, 빵이나 쿠키의 조직을 부드럽게도 만들어 줘요.
유지류		제과·제빵에서는 주로 버터를 많이 사용해요. 유지는 음식의 조직을 부드럽게 하고, 수분이 증발되지 않도록 도와줘요.
소금		빵에 간을 해서 맛을 돋우고, 나쁜 세균의 번식도 막아 줘요.
물		빵의 농도와 온도를 조절하고, 여러 가지 재료들이 쉽게 녹아 흡수될 수 있도록 도와줘요.

이스트		발효를 위해 사용하는 것으로, 당분을 먹고 가스를 발생하는 데 이것이 빵 속의 공기층을 만들어 내요.
베이킹파우더		이스트와 같이 부풀게 하는 기능을 가지고 있는데, 사용의 편의를 위해 화학적으로 만든 것이에요.(주로 쿠키에 사용)
우유		재료가 잘 섞이도록 도와주며, 영양과 맛도 좋게 해 줘요.

 ## 밀가루의 종류

종류	글루텐 함량	특징	느낌
강력분	13%	끈기가 세다.	쫄깃쫄깃하다.
중력분	11%	끈기가 중간이다.	일반 소면의 식감이다.
박력분	8%	끈기가 약하다.	부드럽고, 잘 부서진다.

요리 관련 직업을 소개해요!

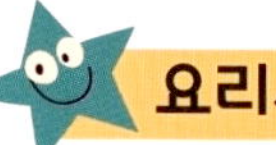

음식 조리를 전문적으로 하는 사람으로, 가장 기본적으로는 고객이 주문한 음식을 맛있게 만들어 내는 일을 해요. 재료의 선별에서 손질, 요리 도구의 관리 등 맛있고 건강한 메뉴를 개발하기 위해 주방의 모든 일을 책임지는 사람이죠. 오랜 경험과 실력이 쌓이면 "셰프"라고 부르는 주방장이 될 수도 있답니다.

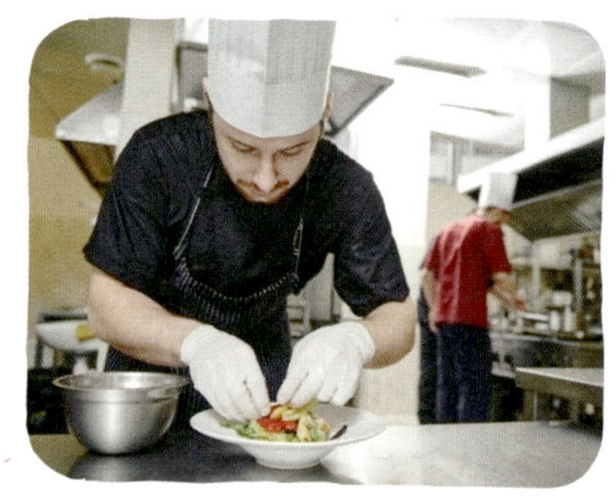

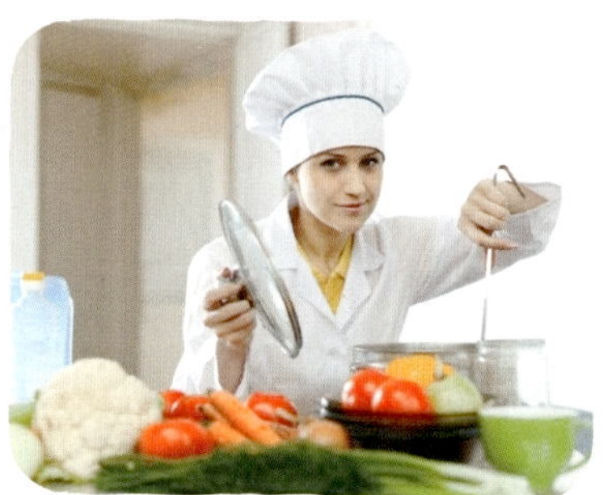

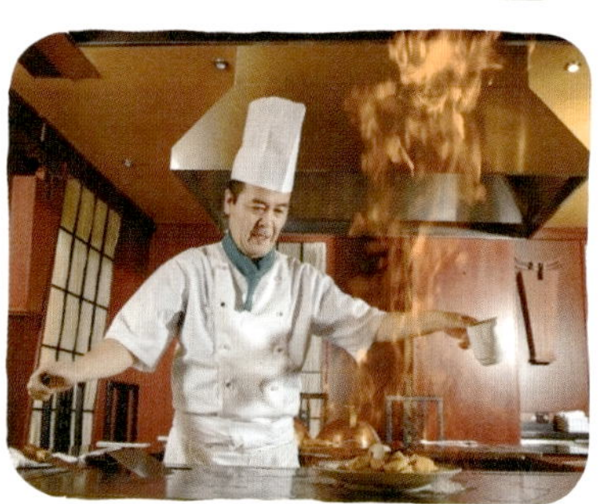

빵이나 쿠키를 전문적으로 만드는 사람을 뜻해요. 유럽에서는 가장 일찍 일어나야 하는 직업이 "파티시에"라고 해요. 요리의 주재료가 되는 밀가루부터 효모까지 질 좋은 재료를 고르고 가꾸어 맛있게 만드는 기술과 노력을 게을리 할 수 없기 때문이지요.

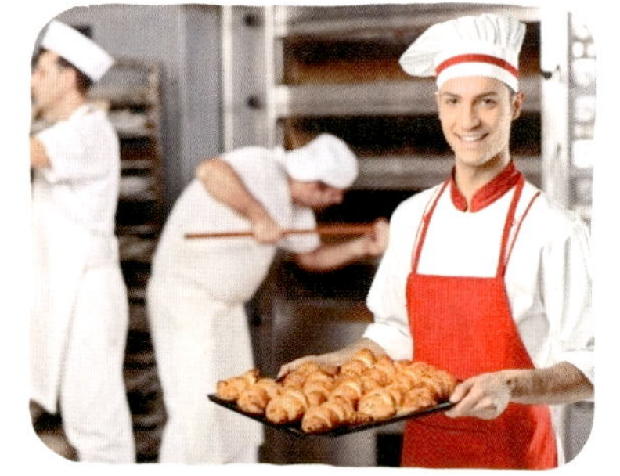

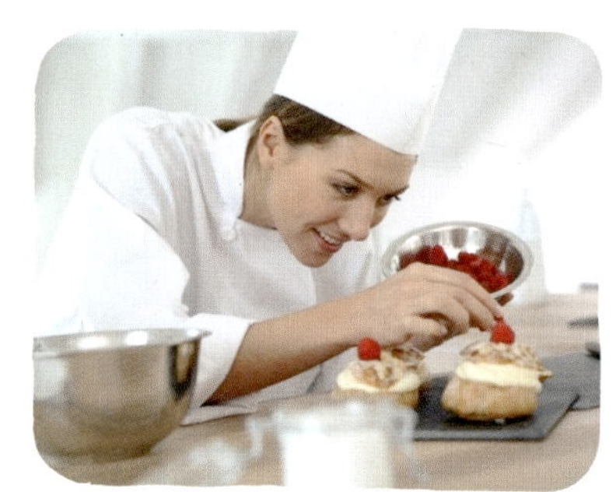

재료의 맛이나 신선도 등을 차별적으로 선별할 수 있는 능력을 갖춘 사람이에요. 주로 물, 술, 차 등의 분야에서 많이 활동하고 있는데, 손님에게 알맞은 제품을 추천하는 일을 하지요. 자신이 종사하는 분야에 따라 와인 소믈리에, 워터 소믈리에, 초콜릿 소믈리에 등으로 부르고 있어요.

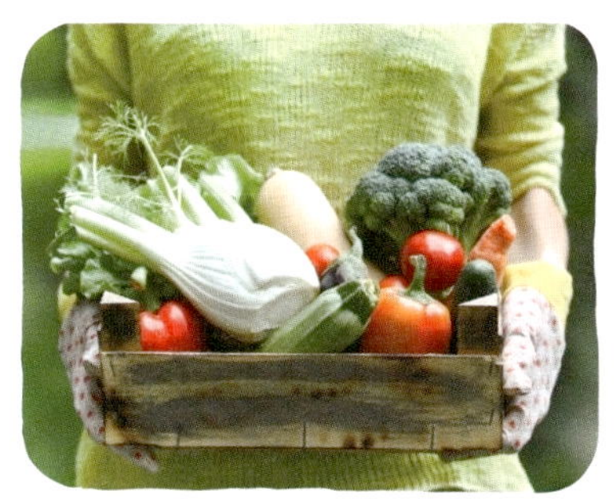

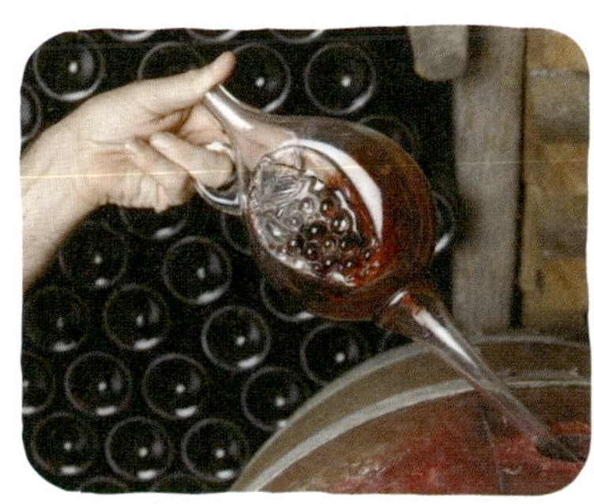

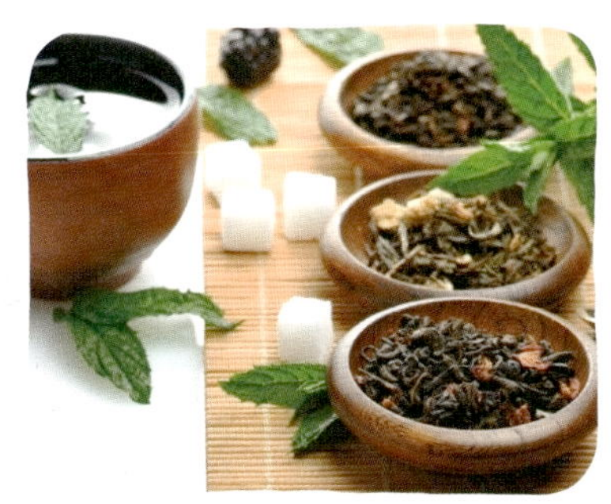

바리스타

전문적으로 커피를 만드는 사람으로 커피의 모든 것을 관리하는 직업이에요. 커피콩에서부터 원두를 볶아 블렌딩하고 내려서 먹을 수 있기까지의 전 과정을 고객의 기호에 맞게 연구해야 한답니다.

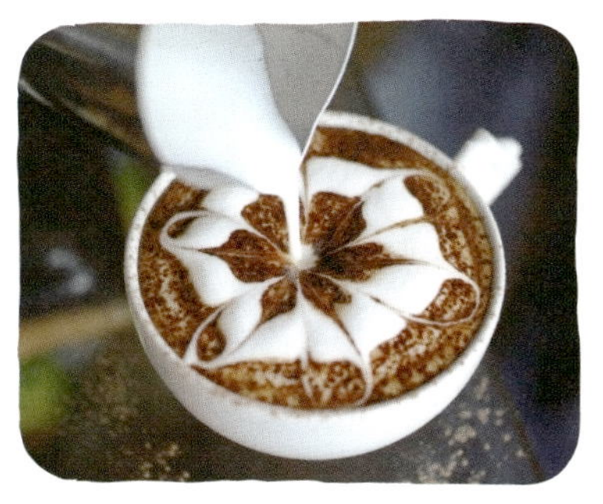

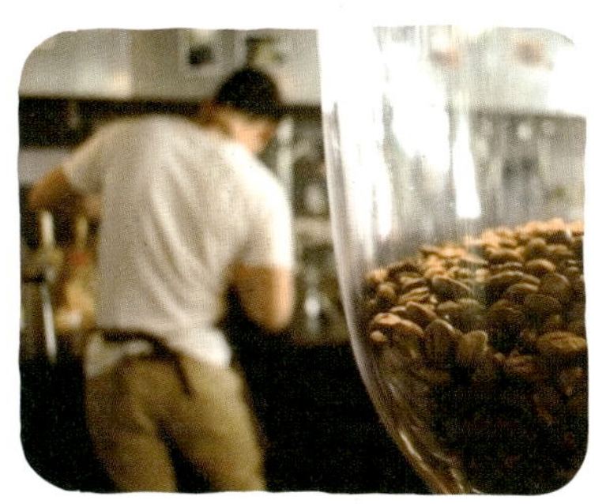

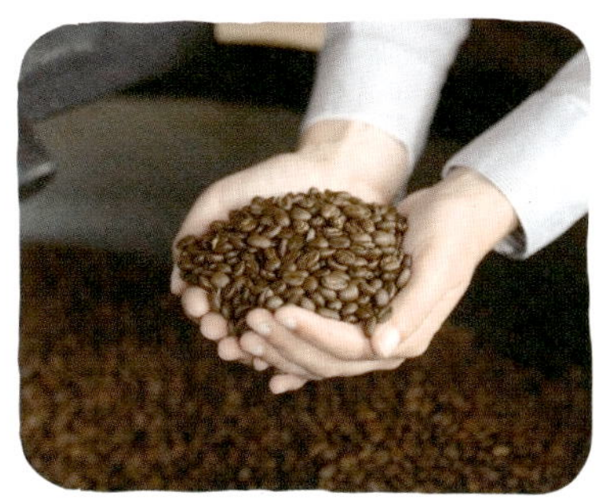

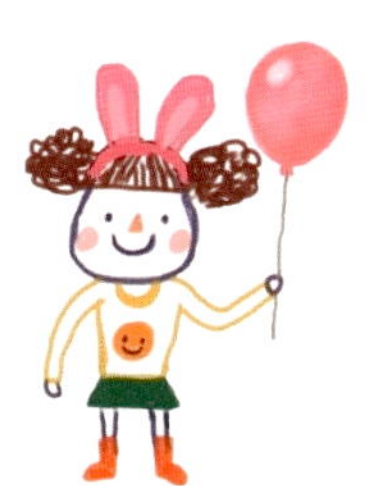

요리 관련 직업을 소개해요!

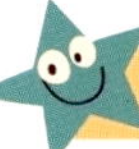 **외식 사업가**

메뉴를 만들어 사람들에게 알리고, 이것을 통하여 경제적인 가치를 만들어 내는 일을 하는 사람이에요. 요리에 관한 프랜차이즈 사업을 통해 음식점을 늘리거나, 요리사를 배출하기도 하지요. 외식 사업을 경영하는 사람으로, 음식점의 위치 선정 및 매장 관리, 실질적인 운영과 판매까지 총괄적으로 경영해야 한답니다.

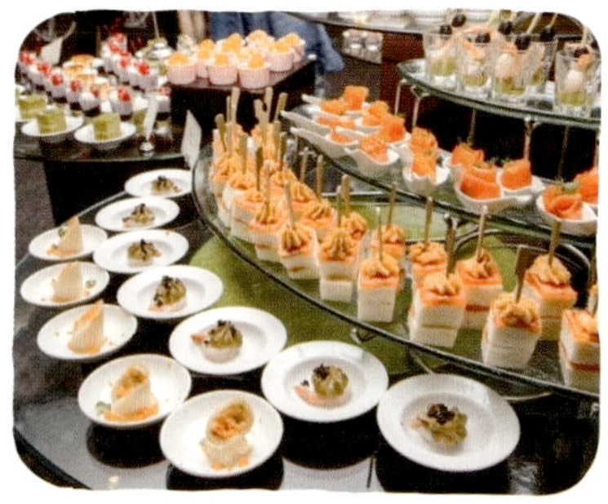

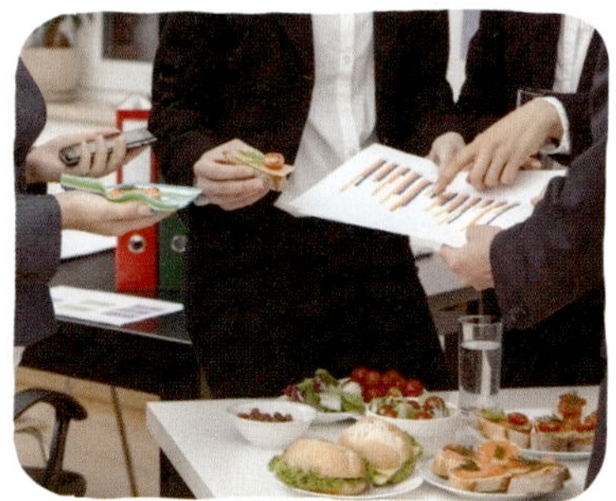

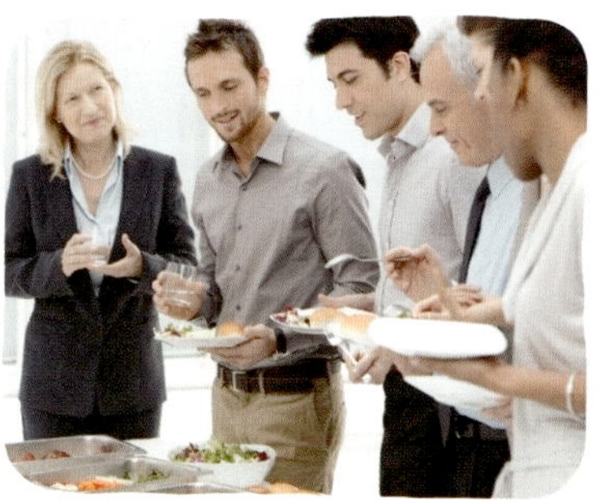

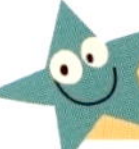 **요리 연구가**

요리를 보다 전문적이고 학문적으로 연구하는 사람이에요. 보기 좋고 맛있는 요리에서 어떤 과정을 통해 요리가 맛있어지는지 연구하고, 원리를 찾아내는 것이지요.

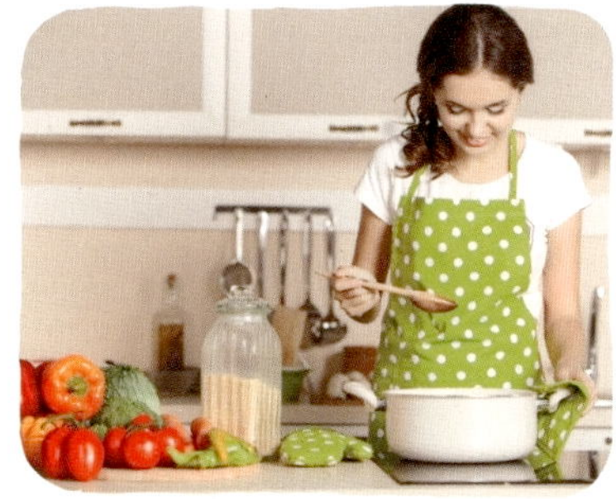

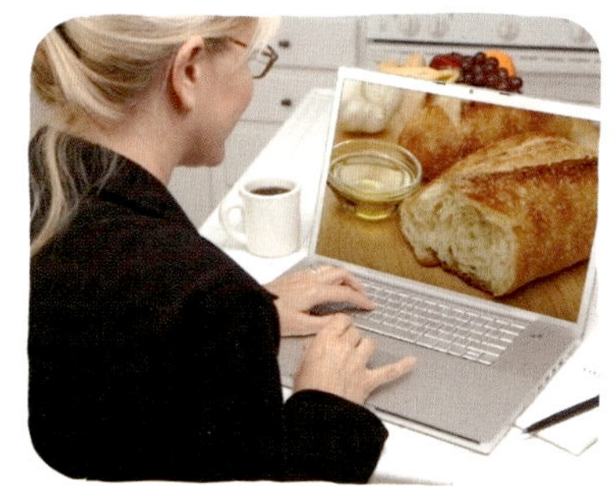

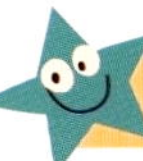

사진 촬영용 요리를 만들고 식사하는 공간을 꾸며, 고객의
식욕을 돋우는 최적의 환경을 만들기 위해 "기획"을 하는
사람이에요. 숟가락, 그릇, 식탁의 인테리어 등 가장 편안
하고 맛있게 식사할 수 있도록 소품을 고르고, 음식을 배
치하고, 조명을 맞추는 등
요리가 놓일 공간 전체를
생각하는 직업이랍니다.

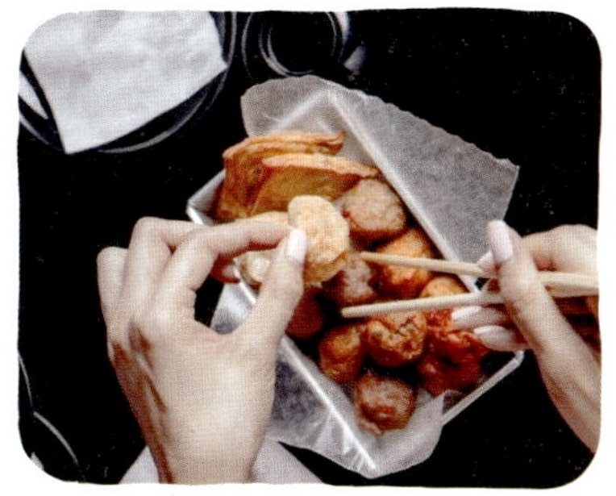

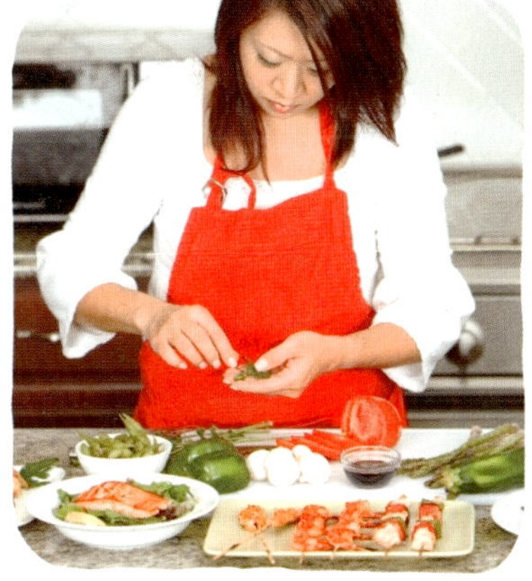

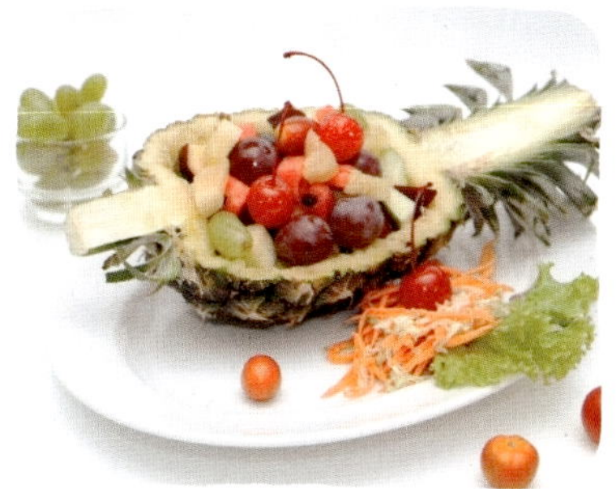

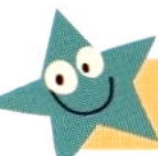

맛있는 요리를 사람들에게 알려주는 일을 전문적으로 하
는 사람이에요. 뛰어난 미각과 글 솜씨로 요리에 대한 평
가를 하고, 그것을 널리 알리는 것이에요. 신문이나 잡지,
인터넷을 통해 요리에 관한 자신의 글을 쓰고, 그것을 많
은 사람들과 공유한답니다.

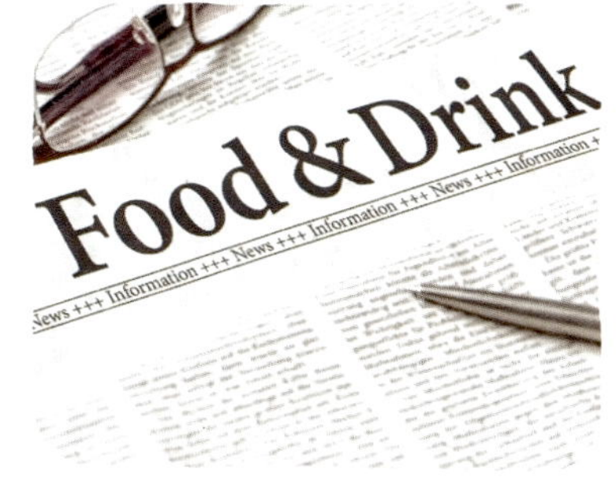

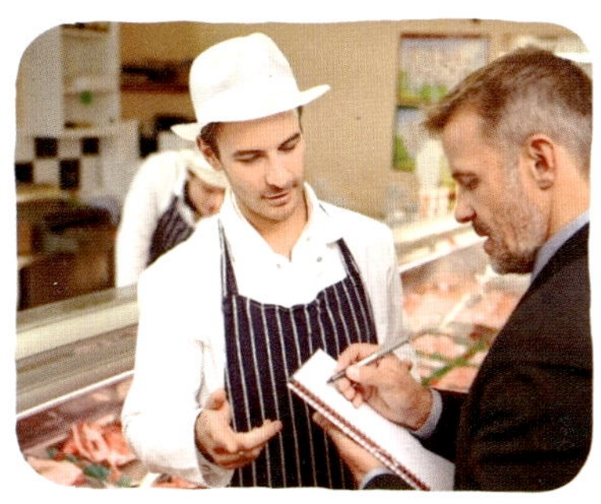

"주니어 셰프 & 파티시에"가 지켜야 할 위생 사항

1. 요리를 할 때는 개인위생을 철저하게 지키도록 해요.
2. 자신이 입고 있는 옷을 깨끗이 하고,
   항상 앞치마(위생복)를 입어요.
3. 요리 시작 전에 손을 깨끗하게 씻고,
   요리 과정 중에도 자주 씻어요.

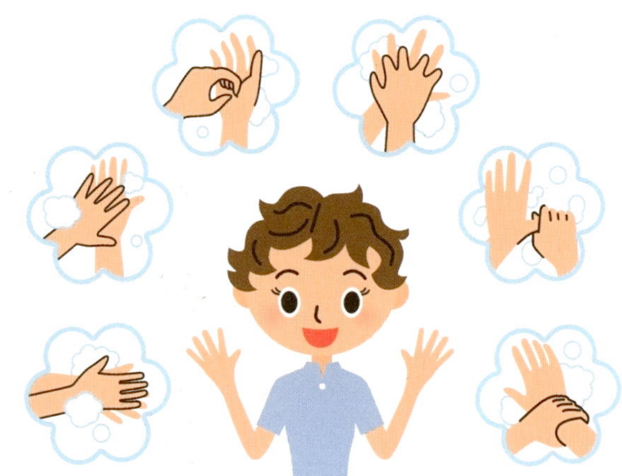

"주니어 셰프 & 파티시에"가 지켜야 할 안전 규칙

1. 칼은 식재료를 자를 때에만 조심해서 사용해요.
2. 수업 중에는 교실에서 뛰지 않도록 해요.
3. 가열 도구를 사용할 때에는 선생님과 함께 조심해서 사용해요.
4. 오븐을 사용할 때에는 뜨거울 수 있으니 가까이 가지 않고 멀리서 관찰해요.
5. 요리 시간에 친구들과 함께 사용하는 도구와 재료는 함부로 만지지 않아요.
6. 요리 재료와 완성된 요리는 소중히 다루고, 바닥에 떨어뜨리지 않도록 조심해요.
7. 젖은 손으로 전기 기구를 만지지 않도록 해요.
8. 선생님의 말씀에 귀를 기울이고, 집중하여 수업에 참여해요.
9. 요리 시간에 친구들과 장난을 치고 싸우지 않도록 해요.
10. 요리를 만들 때에는 떠들지 않고, 요리 과정에 집중해요.

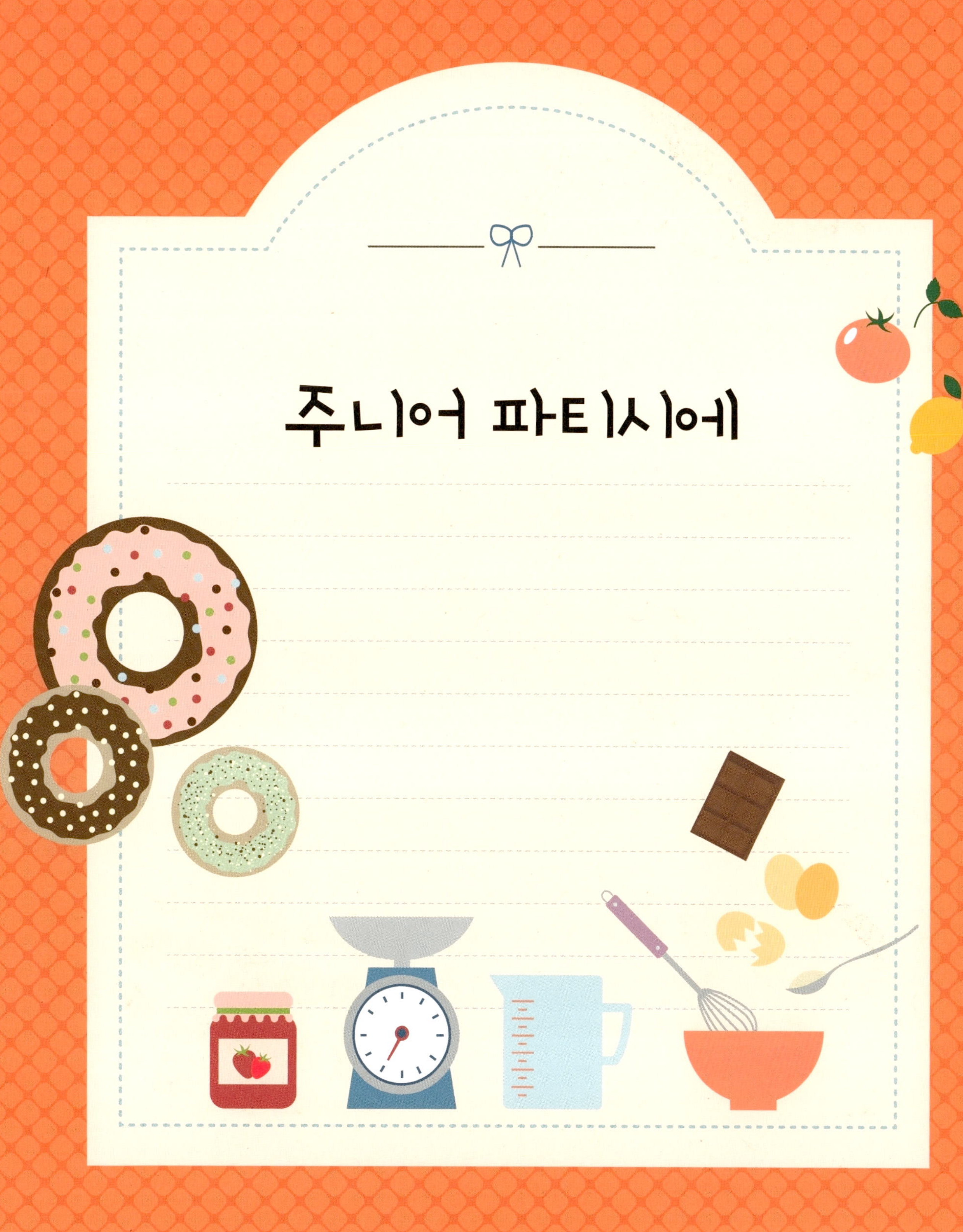

주니어 파티시에

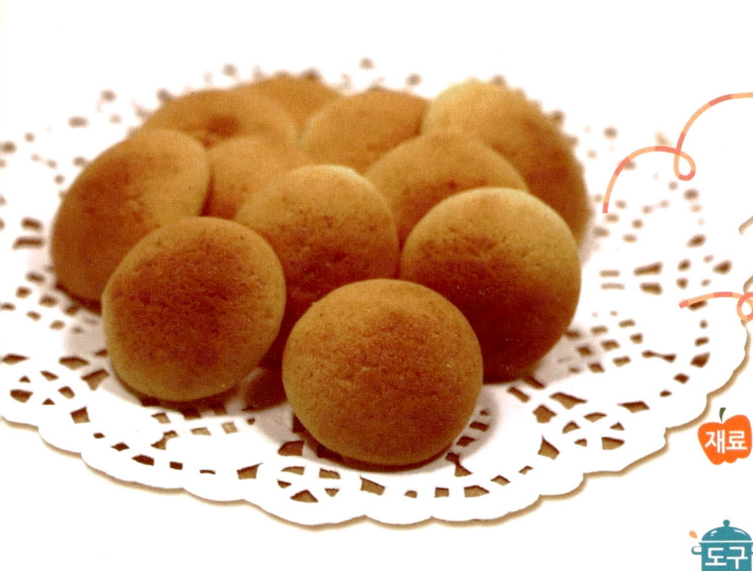

계란과자

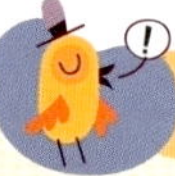 **순서대로 따라해 보아요.**

1 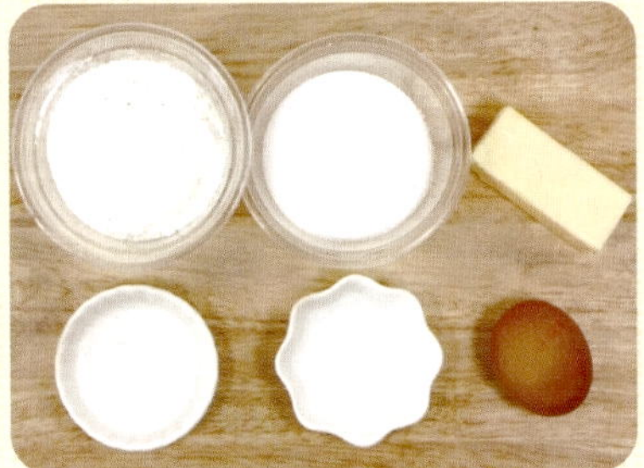

분량의 재료를 준비해 주세요.

2 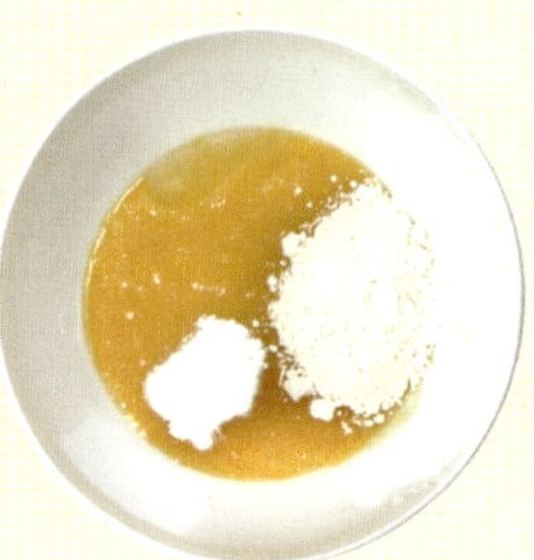

'버터-설탕-달걀-밀가루'를 넣어 반죽을

만들어 주세요.

3 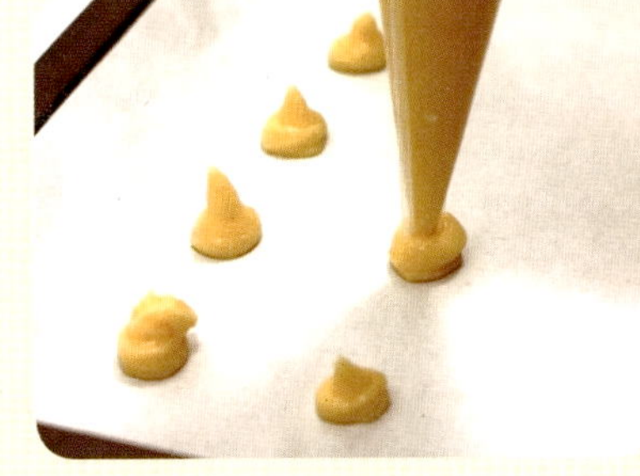

짜주머니에 반죽을 넣고, 반죽을 적당한

크기로 짜 주세요.

4 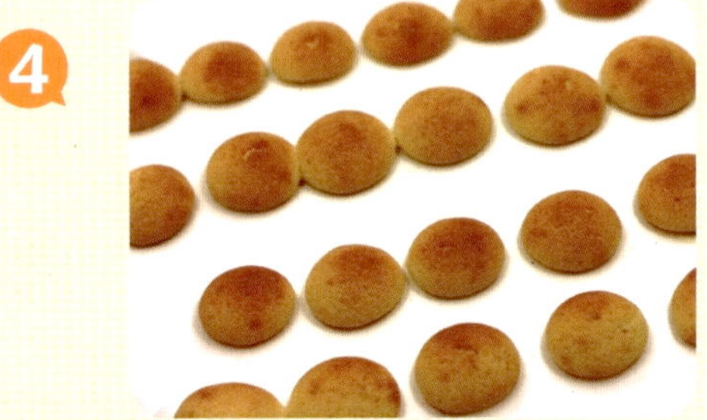

예열(170℃)된 오븐에 15~20분 동안

구워 주세요.

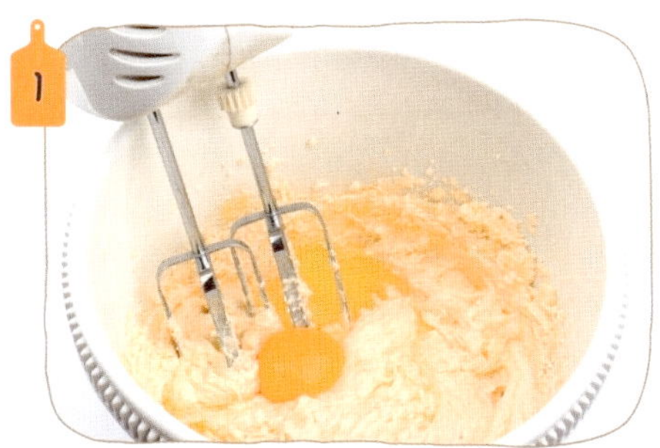

짜주머니에 넣을 내용물을 만들어요.

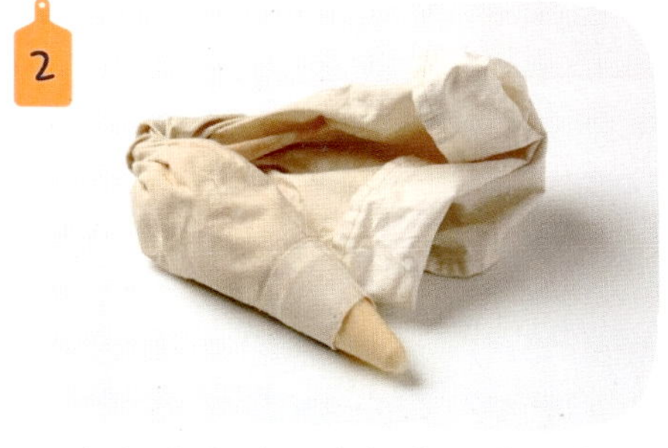

주머니 안에 만들어 놓은 내용물을 넣고,
윗부분을 꼭 묶어 주세요.

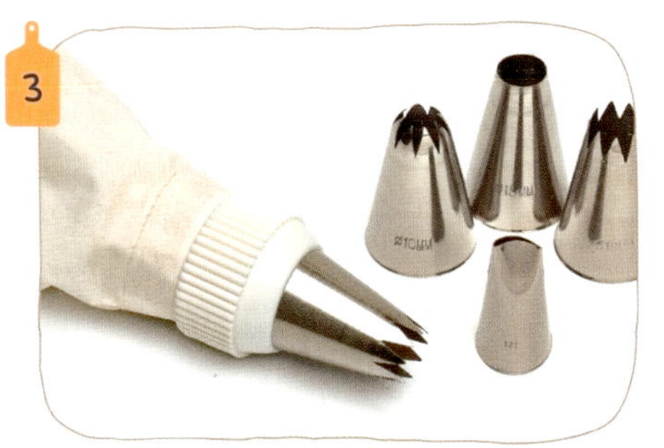

앞부분을 사용 목적에 따라 크기를 조절해
잘라 주세요.

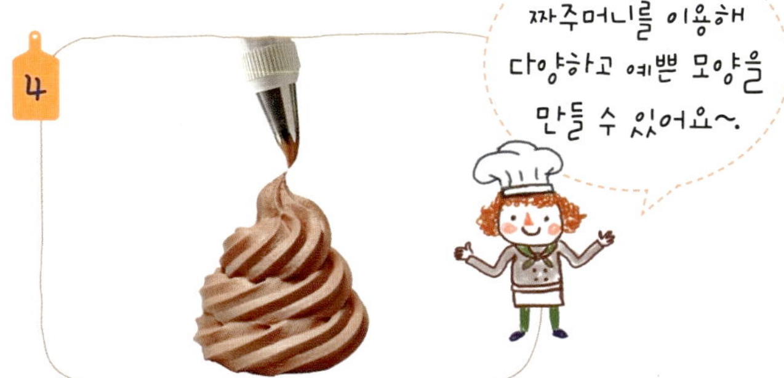

윗부분에서 아래쪽으로 힘을 주어 짜 주세요.

주의 사항을 알아봐요.

◎ 사용하기 전에 짜주머니의 앞쪽을 자르고, 안쪽에 들어간
   공기를 살살 누르며 빼 주세요.
◎ 한손은 짜주머니가 움직이는 방향의 아랫부분을 가볍게
   잡아 주세요.
◎ 다른 한 손은 짜주머니의 윗부분을 잡아 주세요.
◎ 내용물을 짤 때는 위에서 아래 방향으로 짜 주어야 내용
   물이 위로 올라오지 않아요.

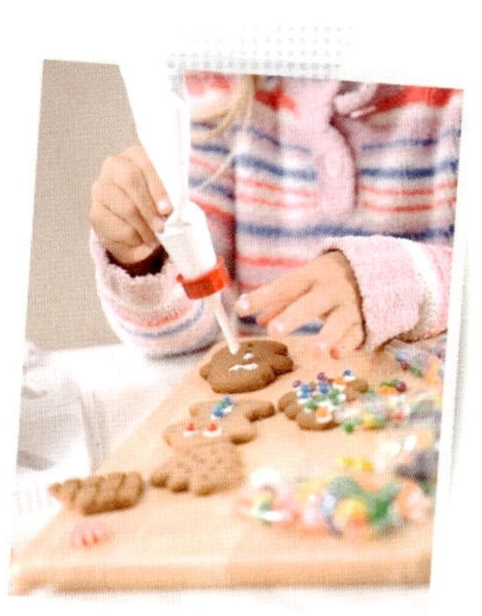

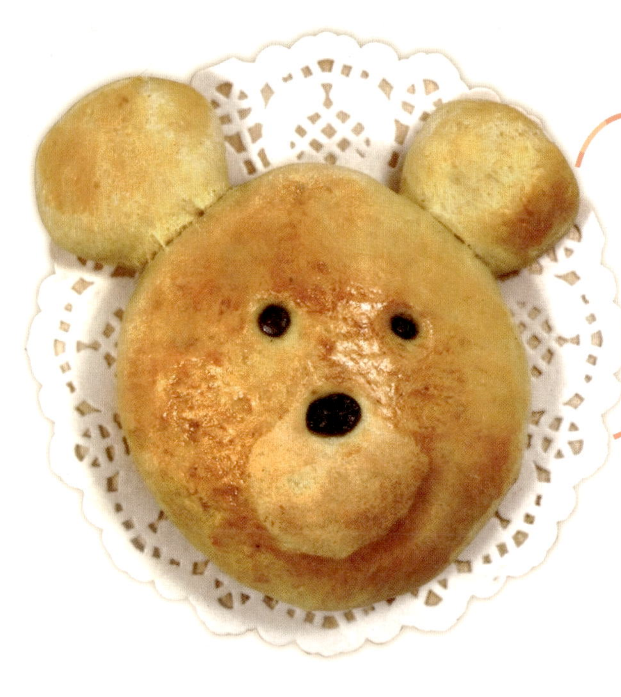

곰돌이 단팥빵

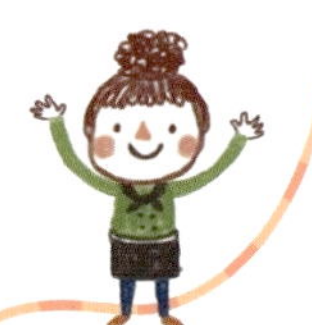

재료 [3개 분량] 빵 반죽 200g(53쪽 참고), 팥 앙금 100g, 달걀물, 건포도·초콜릿 칩 약간

도구 믹싱 볼, 오븐 팬, 오븐, 오븐 장갑

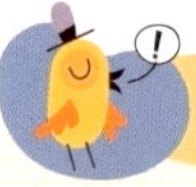
순서대로 따라해 보아요.

1
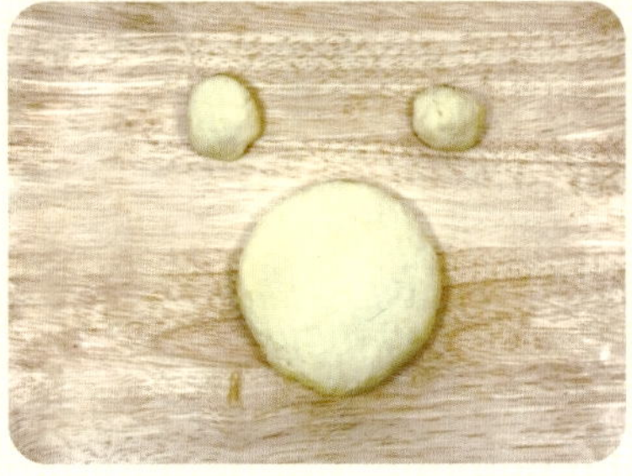
빵 반죽을 등분한 후, 큰 반죽에 팥 앙금을 넣고 싸 주세요.

2
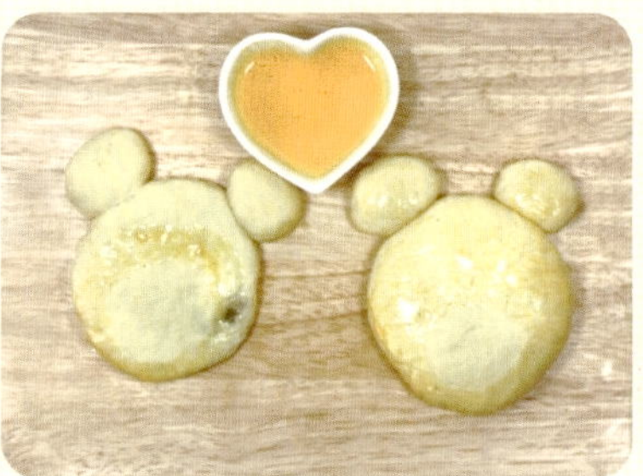
반죽을 곰돌이 모양으로 만들고, 달걀물을 발라 주세요.

3
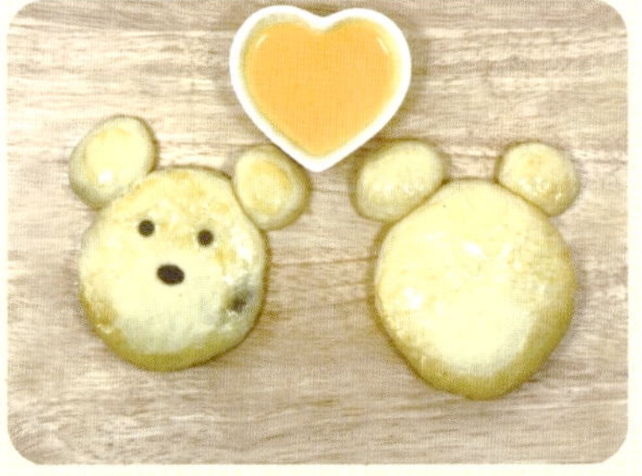
곰돌이 빵에 건포도와 초콜릿 칩으로 장식해 주세요.

4
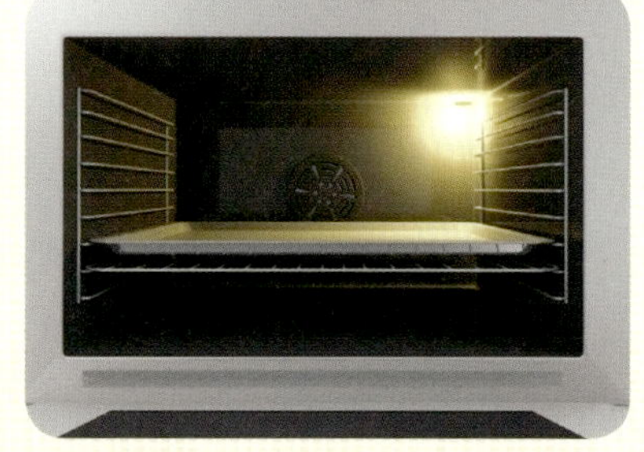
예열된(190℃) 오븐에 15분 동안 구워 주세요.

오븐 안쪽에 위, 아래로 달려 있는 열선이 오븐 속의 공기를 뜨겁게 데워, 공기
가 아래에서 위로 순환하게 되어요. 이것을 대류 현상이라고 하는데, 이 원리
로 오븐 속의 음식이 조리되는 것이에요. 오븐 안의 온도를 고르게 올려 주어
빵이나 쿠키를 잘 부풀게 하는 데 매우 효과적인 조리 방법이랍니다.

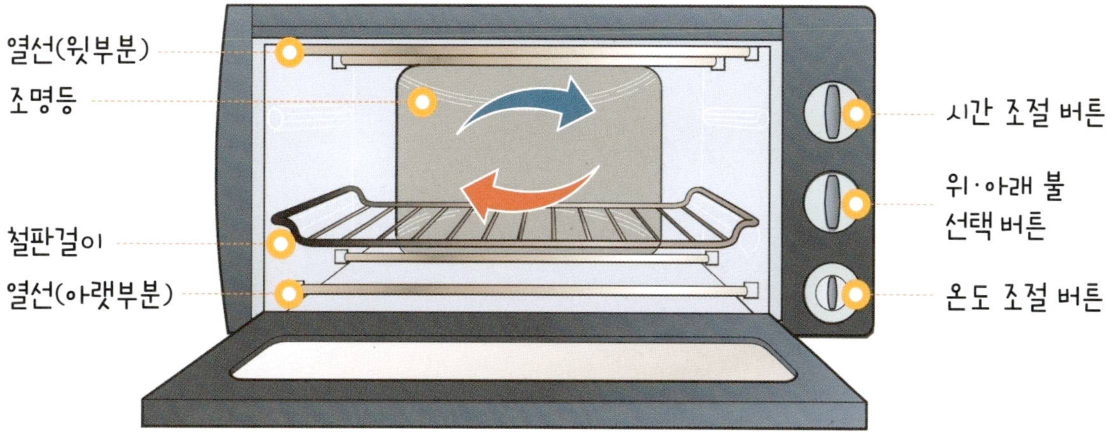

◎ 시간 조절 버튼 : 음식에 따라 조리 시간을 다르게 조절할 수 있어요.
◎ 위, 아래 불 선택 버튼 : 오븐 안쪽에 있는 열선을 위와 아래 혹은 둘 다 사
용할지 선택할 수 있는 버튼이에요.
◎ 온도 조절 버튼 : 음식에 따라 조리 온도가 다르므로, 조리 시 온도를 설정
할 수 있어요.
◎ 열선 : 오븐의 윗부분과 아랫부분에 있는 뜨거운 선으로 조리 시 오븐 속 공
기를 데워 줘요.
◎ 조명등 : 오븐 속 음식의 상태가 잘 보이도록 안쪽에 불이 들어와요.
◎ 철판걸이 : 오븐에 음식을 넣을 때는 항상 오븐 전용 철판을 사용하며, 이곳
에 철판을 걸어요.

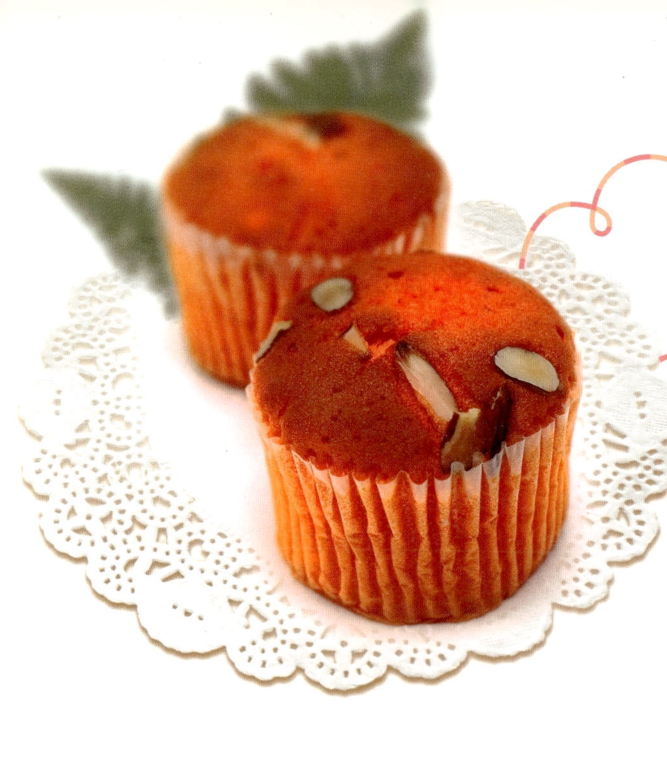

당근 머핀
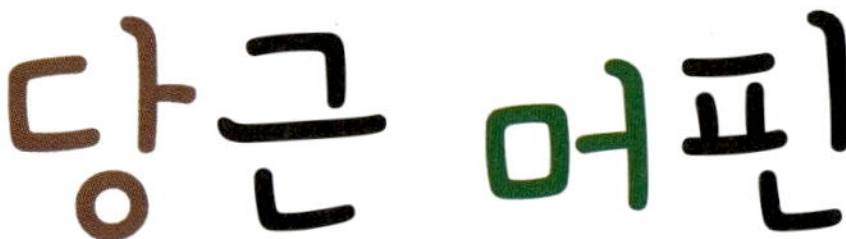

재료 버터·박력분 100g, 달걀 1개, 설탕 60g, 당근 70g, 소금·베이킹파우더 1/2작은술, 견과류 약간

도구 도마, 강판, 볼, 거품기, 머핀 틀, 오븐, 오븐 장갑

순서대로 따라해 보아요.

1
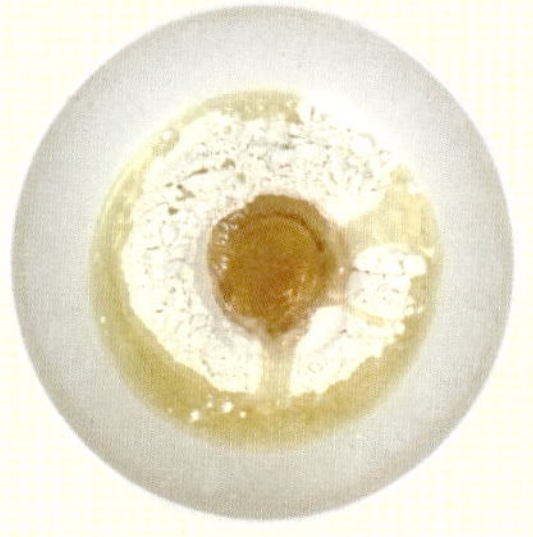
분량의 재료를 넣고 머핀이 될 반죽을 만들어 주세요.

2
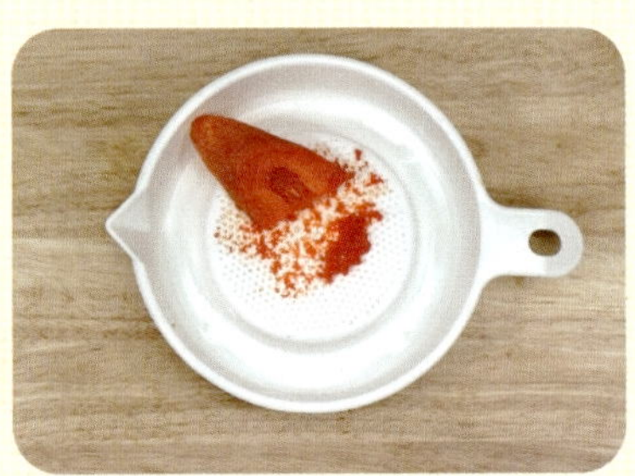
강판에 당근을 곱게 갈아 주세요.

3
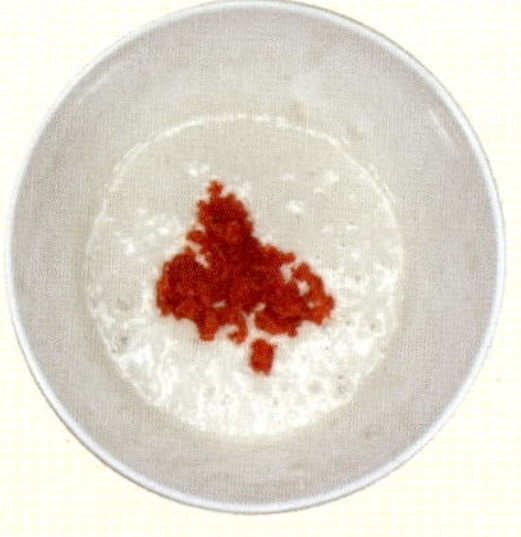
머핀 반죽에 곱게 간 당근을 넣고, 잘 섞어 주세요.

4
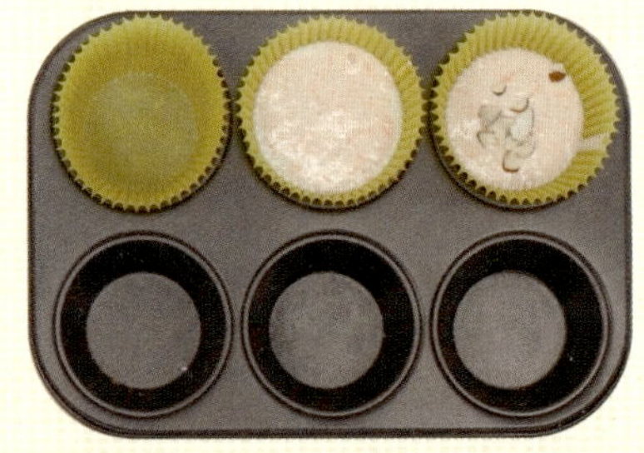
팬에 유산지를 깔고, 반죽을 넣어 예열 (180℃)된 오븐에 20분 간 구워 주세요.

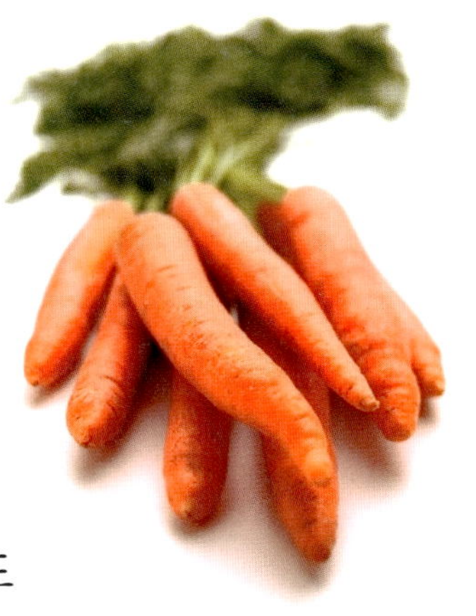

- 눈 건강에 좋은 비타민 A가 풍부해서 시력 개선에 도움을 줍니다.
- 베타카로틴이 많이 들어 있어서 위장이 튼튼해지고, 배탈에도 도움이 됩니다.
- 천연 살충 성분이 들어 있어 항암에도 효과가 있습니다.
- 비타민C와 각종 무기질이 풍부해 면역력과 저항력을 길러 주고, 피부 세포 재생과 노화 방지 등 피부 미용에도 도움을 줍니다.

요리 재료의 양을 재어 보아요.

재료 준비할 때 부피나 무게를 재는 것을 '계량'이라고 해요. 아래의 세 가지 도구만 있으면 재료 준비는 문제 없어요!

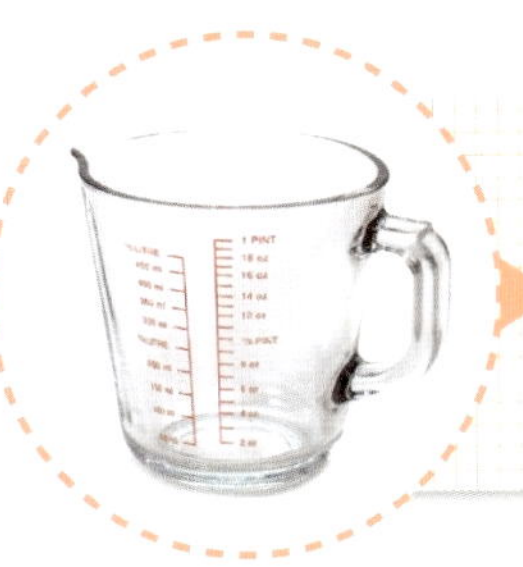

- 액체 눈금의 위치를 액체의 높이와 같은 높이로 읽어서 잽니다.
- **단위 표시** l, ml(리터, 밀리리터)

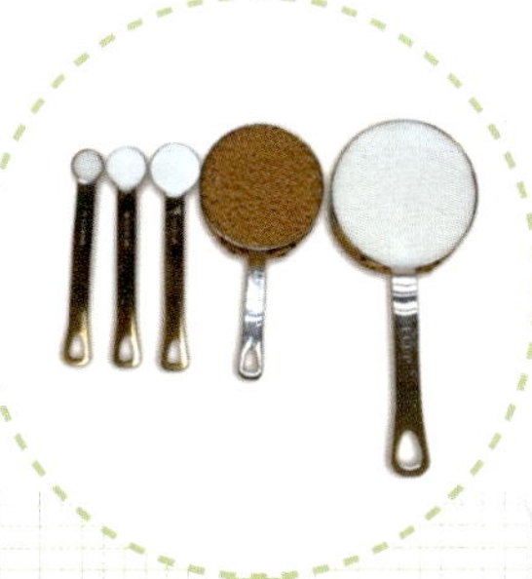

- 가루 재료 가루를 넣고 수평으로 깍아서 잽니다.
- **단위 표시** l, ml(리터, 밀리리터)

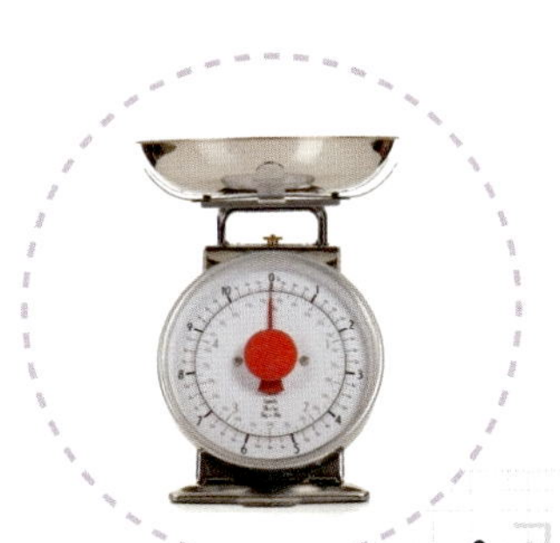

- 고체 조리 저울을 이용합니다.
- **단위 표시** g, kg(그램, 킬로그램)

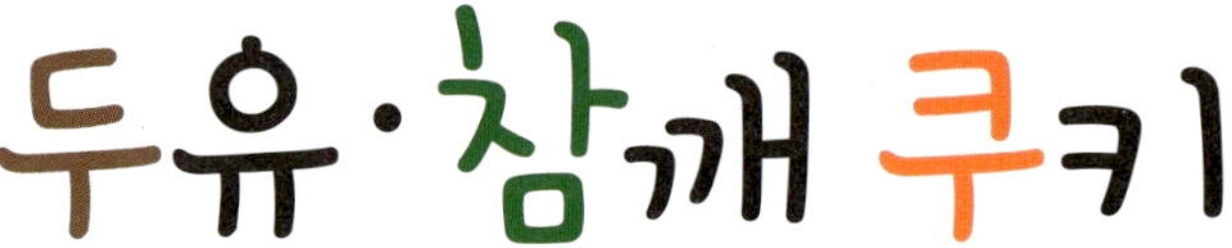

두유·참깨 쿠키

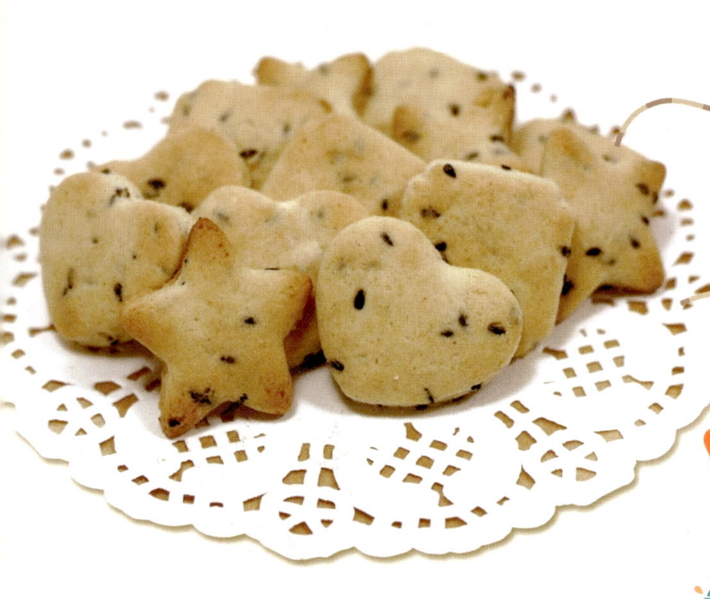

재료 박력분 180g, 두유·설탕 50g, 카놀라유 30g, 검은깨 2큰술, 베이킹파우더 1작은술, 소금 1/2 작은술

도구 믹싱 볼, 숟가락, 밀대, 모양 틀, 오븐 팬, 오븐, 오븐 장갑

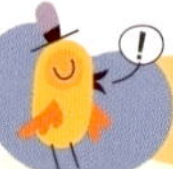
순서대로 따라해 보아요.

1 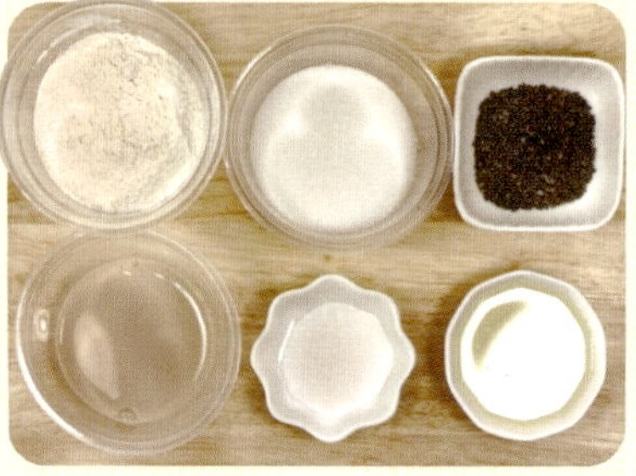

분량의 재료를 준비해 주세요.

2 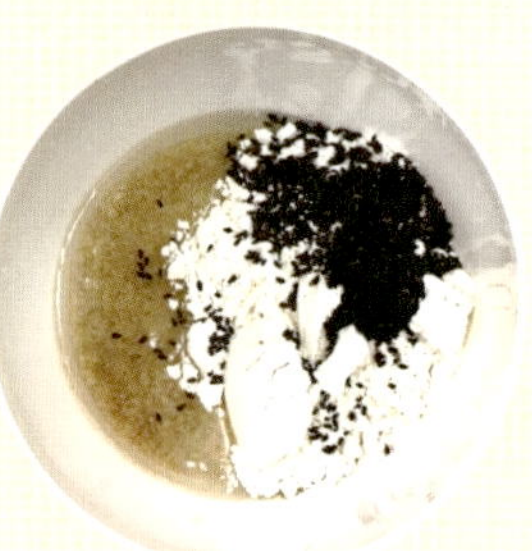

큰 볼에 재료를 모두 넣고 잘 섞은 다음,

밀가루를 마지막에 넣고 반죽해 주세요.

3 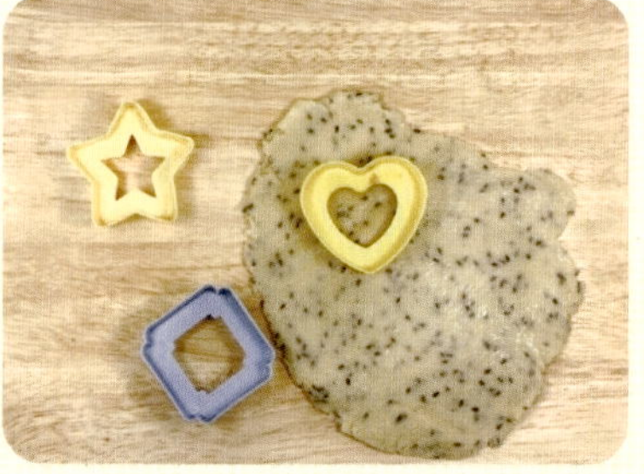

반죽을 밀대로 민 뒤, 여러 가지 모양 틀로

찍어 주세요.

4 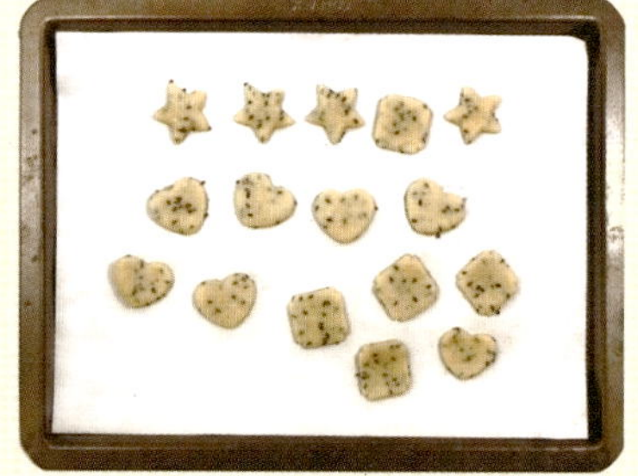

예열된(180℃) 오븐에 15분 동안 구워

주세요.

두유와 우유의 차이를 알아보아요.

구분	두유	우유
성분 차이	• 식물성 단백질 : 지방이 적어 살이 잘 찌지 않아요. • 사포닌 : 지방 분해를 도와줘요. • 우유에 비해 알레르기가 잘 나타나지 않아요.	• 동물성 단백질 : 필수아미노산이 풍부해요. • 비타민 B_{12} : 채식만 할 때 부족해지기 쉬운 영양소에요. • 칼슘 : 뼈를 튼튼하게 해요.
단백질의 역할	• 우리 몸의 근육과 피부 대부분을 구성하는 성분으로, 자연에는 20가지의 단백질이 있어요. • 이 중 8개는 우리 몸에서 만들어지지 않기 때문에 반드시 음식을 통해서 섭취해야 하지요.	
만드는 법	콩을 물에 불려 약간의 물과 함께 갈아 주세요.	소에서 젖을 짠 후 살균해 주세요.
원료 + 만들 수 있는 요리		

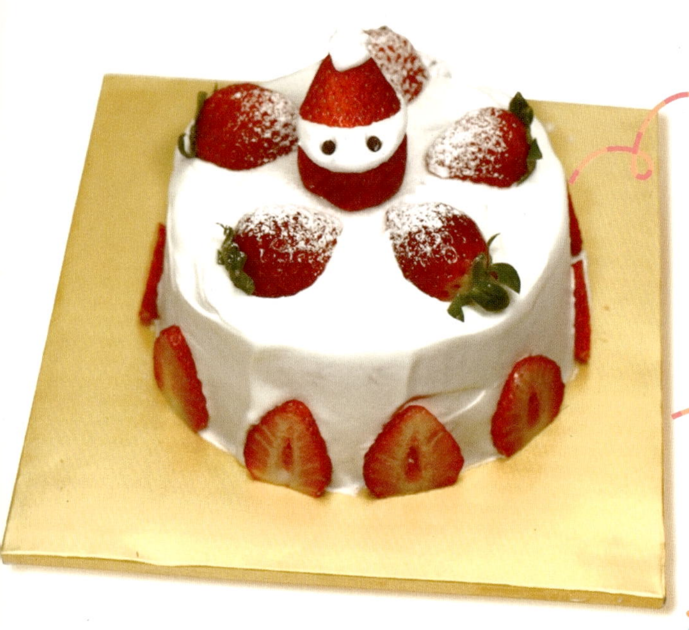

딸기 생크림 케이크

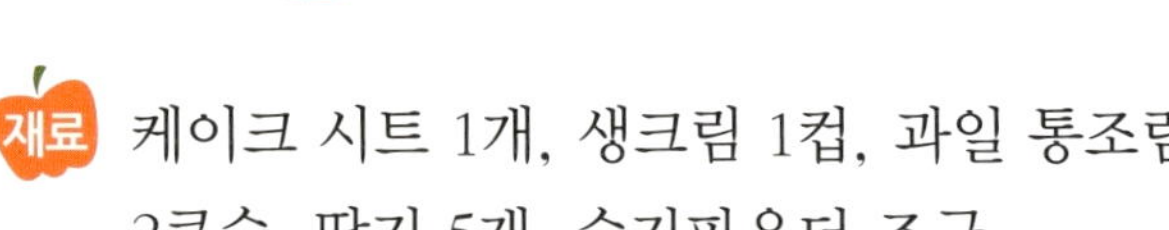

재료 케이크 시트 1개, 생크림 1컵, 과일 통조림 2큰술, 딸기 5개, 슈거파우더 조금

도구 믹싱 볼, 거품기, 빵 칼, 작은 체, 돌림판

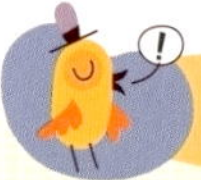

순서대로 따라해 보아요.

1 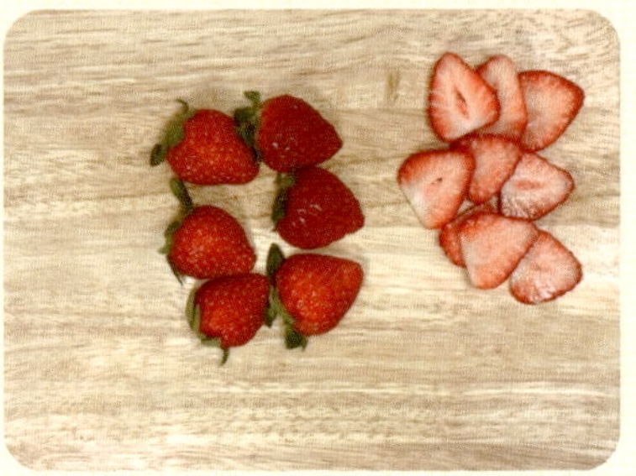

생크림을 만들고, 딸기를 여러 모양으로 미리 준비해 주세요.

2 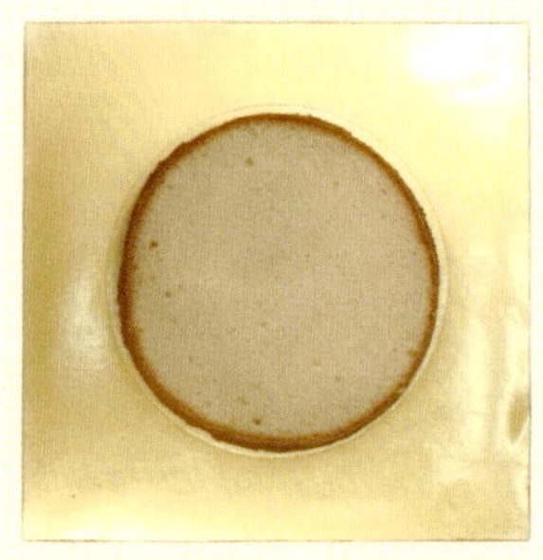

케이크 시트를 반으로 잘라 생크림을 바르고, 과일을 올려 케이크 시트를 덮어요.

3 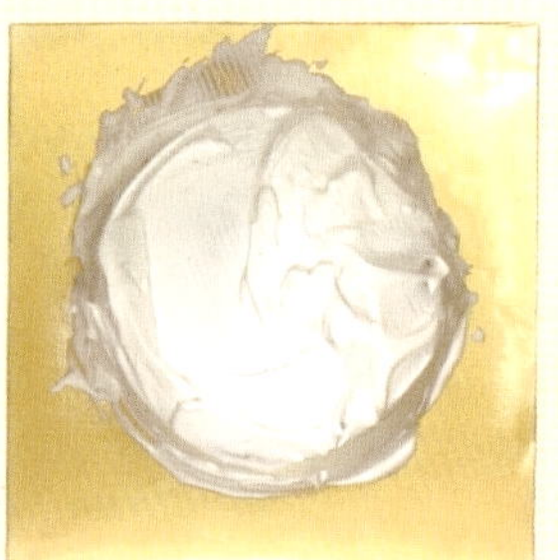

겉면에 생크림을 고르게 펴 발라 주세요.

4 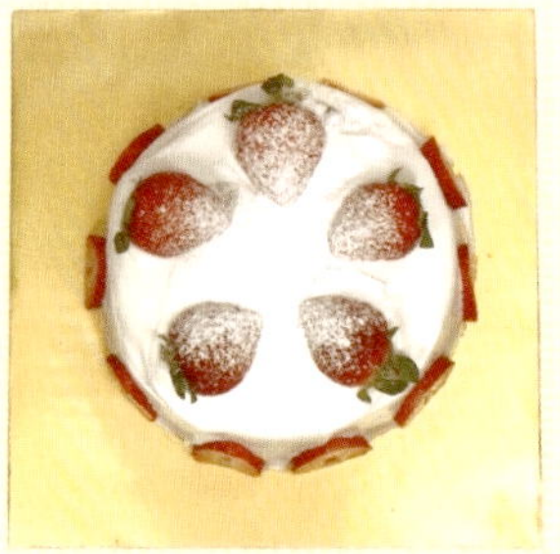

짜주머니로 생크림을 올리고, 딸기로 장식하여 슈거파우더를 뿌려 주세요.

슈거파우더를 알아봐요.

구분	슈거(설탕)	슈거파우더(분말 설탕)
성분	설탕	설탕, 전분(녹말)가루
모양		
질감	거친 느낌	부드러운 느낌
사용법	단맛을 내는 재료로, 가장 많이 사용해요.	적당한 단맛이 나고, 입자가 고와 완성된 빵이나 쿠키를 꾸밀 때 사용해요.

슈거파우더는 어떻게 만드나요?

설탕과 녹말가루를 9 : 1의 비율로 섞은 후 믹서기에 넣고 곱게 갈아 주세요.

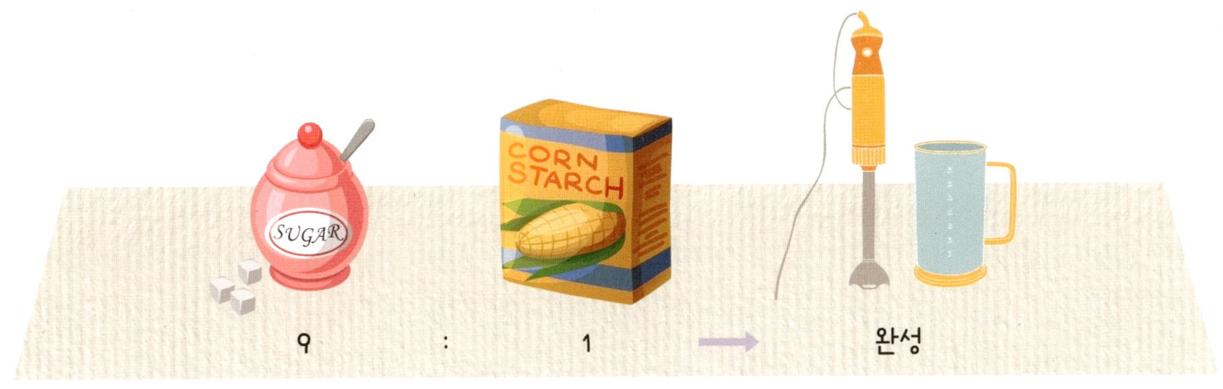

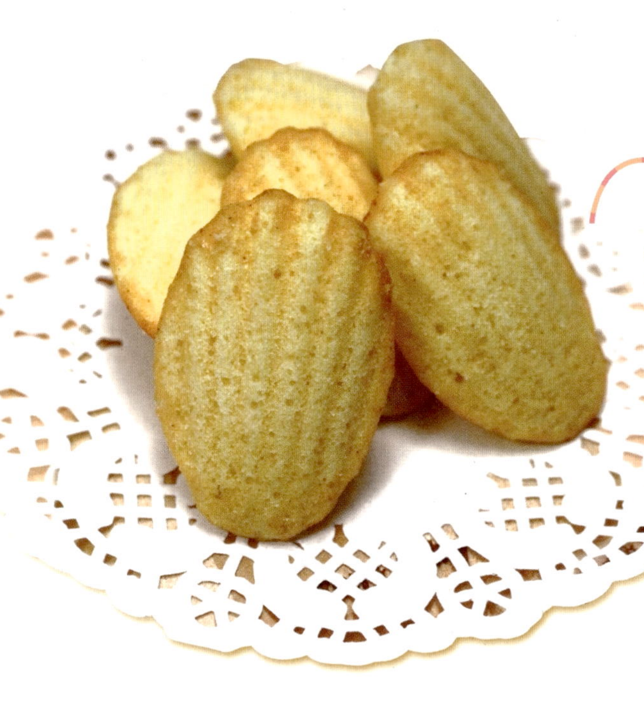

마들렌

재료 달걀 2개, 박력분·녹인 버터 100g, 설탕 70g, 베이킹파우더 2g, 레몬 1/2개

도구 믹싱 볼, 거품기, 숟가락, 강판, 짜주머니, 마들렌 팬, 오븐, 오븐 장갑

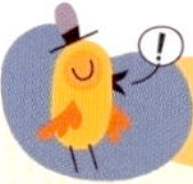 **순서대로 따라해 보아요.**

1 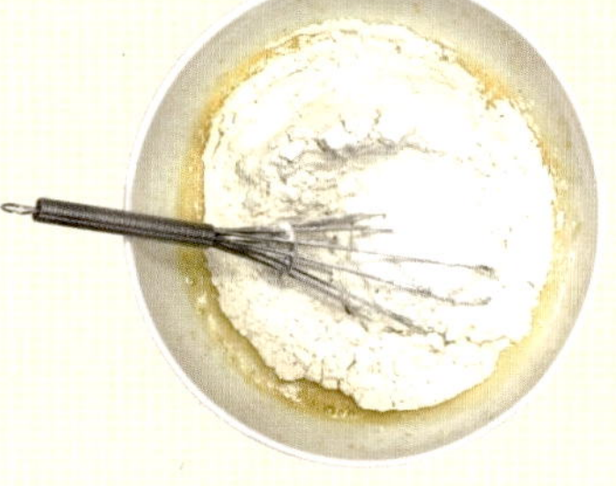

달걀과 설탕을 섞은 후, 가루 재료를 넣고 반죽해 주세요.

2 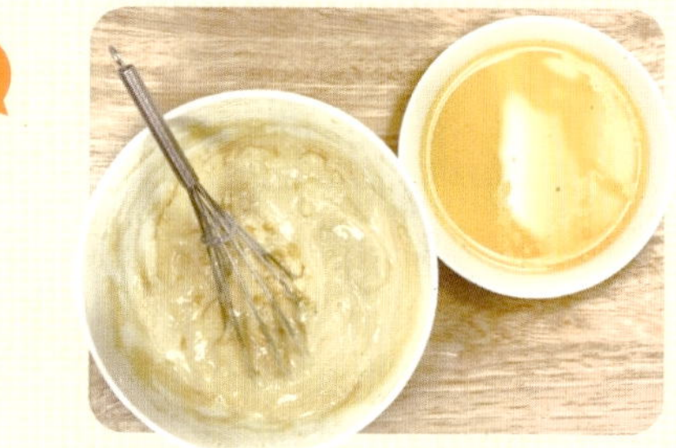

반죽에 녹인 버터 넣고 고르게 섞어 주세요.

3 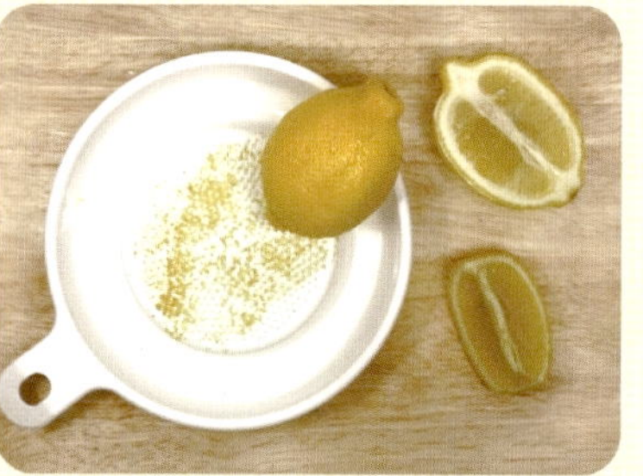

레몬즙과 레몬 껍질을 준비해 반죽에 넣고 섞어 주세요.

4 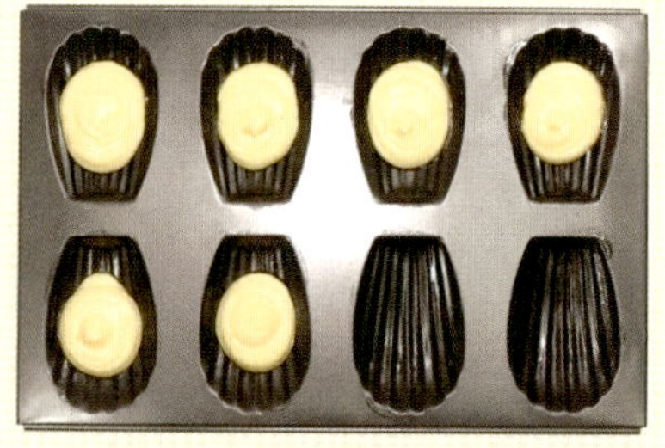

짜주머니에 반죽을 넣어 마들렌 틀에 짠 뒤, 190℃ 오븐에서 10분 동안 구워 주세요.

우유를 비롯한 다양한 음료에 어울리는 마들렌
은 조개 모양의 촉촉하고 부드러운 빵과 같은
과자에요.

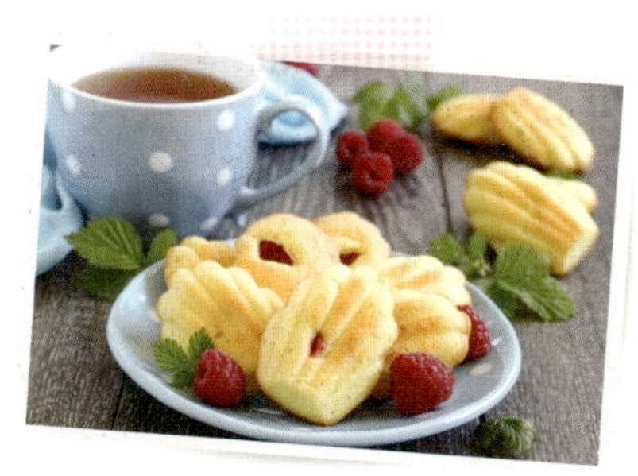

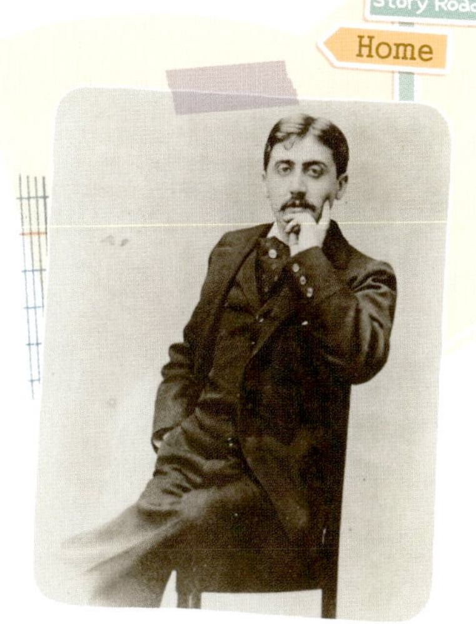

<잃어버린 시간을 찾아서>라는 소설에서도
마들렌에 관한 이야기를 찾을 수 있어요.

이 소설은 프랑스 소설가 "마르셀 프루스트"가 지었지요
(1913~1927년).

이야기는 1차 세계 대전이 나기 전 프랑스의 상류층 집
안 아들인 마르셀이 성인이 된 시점에서 시작해요.

어느 날 홍차에 적신 마들렌을 한 입 먹으면서 이야기의
중심이 되는 과거의 기억을 떠올린답니다.

다른 이야기로는 프랑스의 왕 루이 15세가 관련된 여러 가지 내용이 있어요.
먼저 루이 15세가 폴란드 왕(스테인슬로 리스친스키)인 장인에게 잘 보이기 위
하여 당시 먹었던 빵에 아내의 이름(마들렌)을 붙였다고 해요. 두 번째는 리스
친스키 왕의 요리사(Madeleine Paulmier) 이름에서
따온 것이라고 하지요. 또 리스친스키 왕이 코메르
시로 유배를 왔을 때 자신의 시중을 들던 하녀 마
들렌의 이름을 붙인 것이라고도 해요. 마지막으로
리스친스키 왕이 시집간 딸을 위로하기 위하여 하
녀 마들렌을 파리까지 보내 과자를 구워 주었다는
이야기도 있답니다.

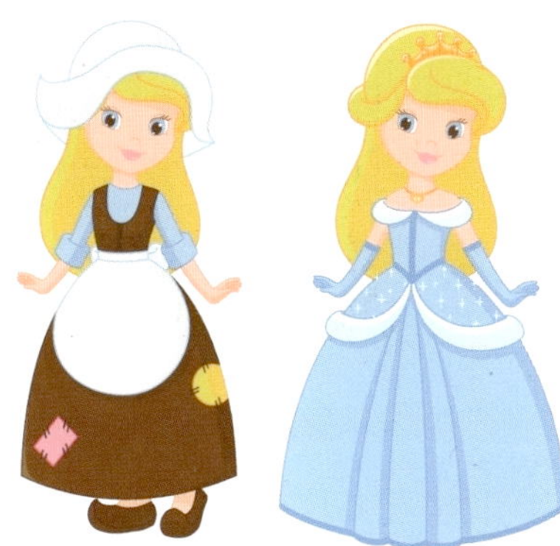

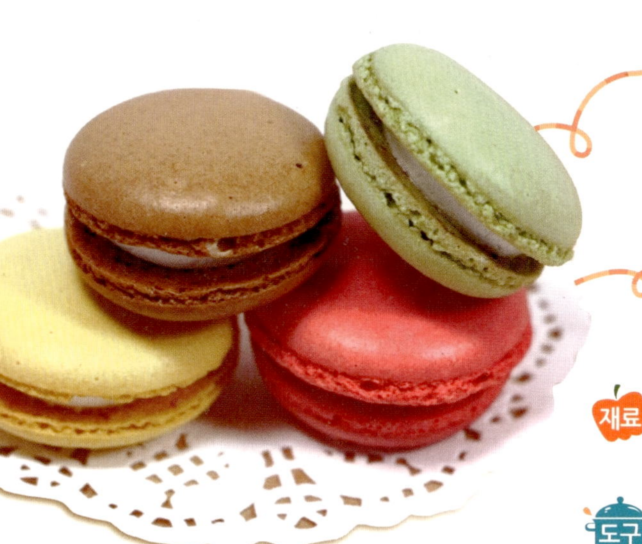

마카롱 

재료 달걀흰자·설탕 30g, 슈거파우더·아몬드가루
40g, 샌드재료(버터크림, 잼, 초콜릿 등 조금)

도구 믹싱 볼, 거품기, 짜주머니, 오븐 팬, 오븐,
오븐 장갑

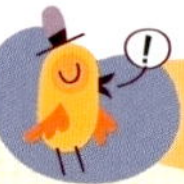
순서대로 따라해 보아요.

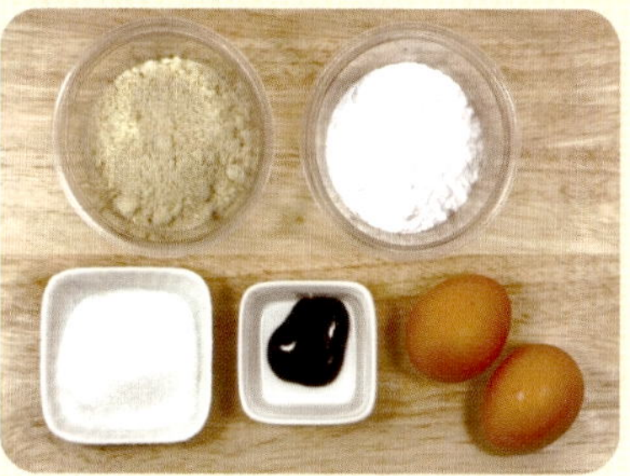

1 분량의 재료를 준비해 주세요.

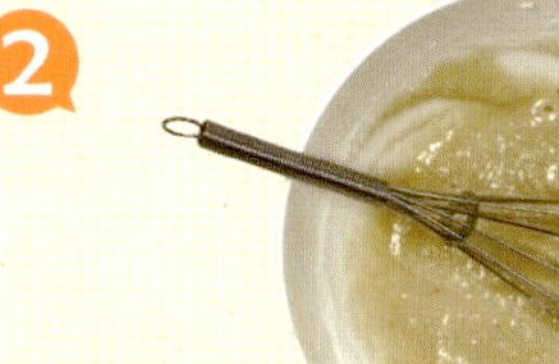

2 흰자를 거품 낸 후에 설탕을 넣고 잘 섞은
다음, 가루 재료 넣고 반죽해 주세요.

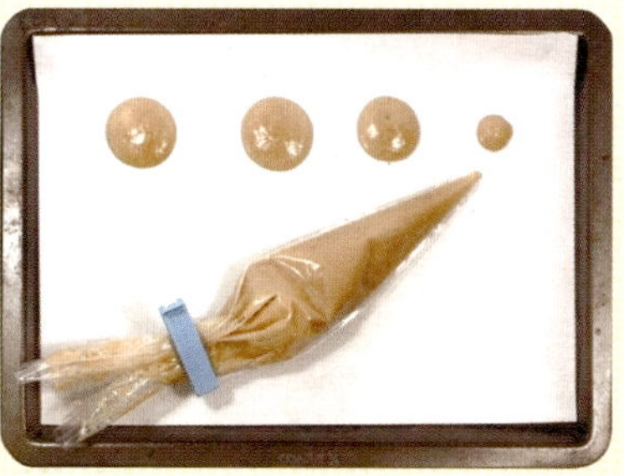

3 짜주머니에 반죽을 넣고 동그란 모양으로
짠 뒤, 150℃ 오븐에서 12분 구워 주세요.

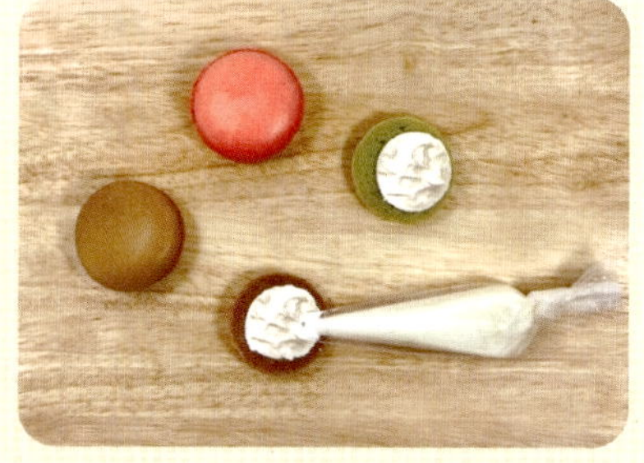

4 구워진 두 개의 마카롱 사이에 크림을
넣어 주세요.

머랭(meringue)은 무엇인가요?

과자와 디저트에 많이 쓰이는 머랭은 1720년 스위스의 과자 요리사가 개발한 것이에요. 달걀흰자에 설탕을 중간 중간 섞어 가며 만드는 디저트의 한 종류지요. 과자로 그냥 먹기도 하고, 과일이나 아이스크림의 껍질을 싸거나 위에 얹어 먹기도 한답니다.

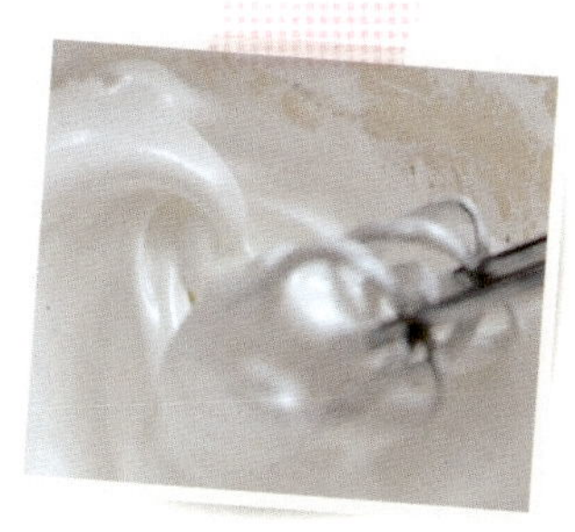

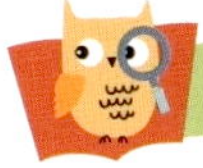

달걀흰자를 이용한 요리를 알아봐요.

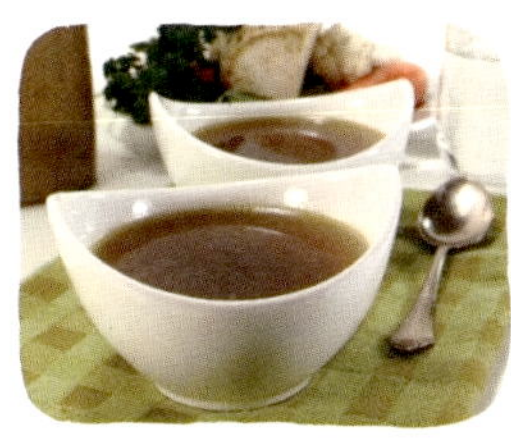

비프 콩소메 수프

불순물들을 흡착하는 흰자의 성질을 이용하고, 스프 위에 머랭을 올려 주면 완성이에요.

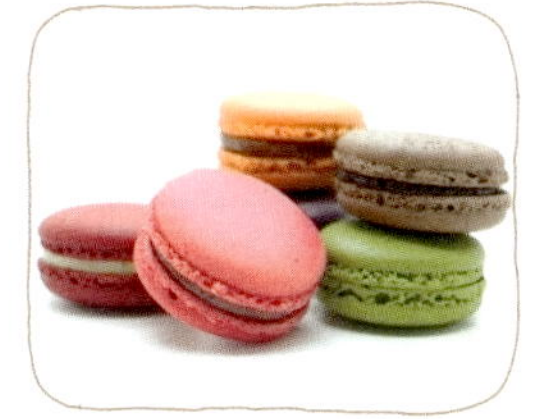

마카롱

안정적으로 형태를 유지해 주는 성질을 이용해 과자를 만들어요.

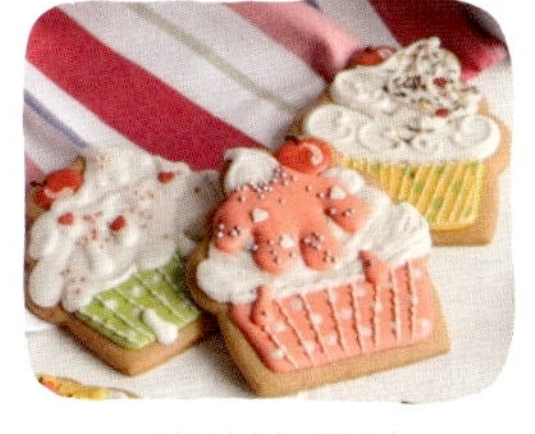

아이싱 쿠키

아이싱 반죽에서 농도를 조절하기 위해 사용해요.

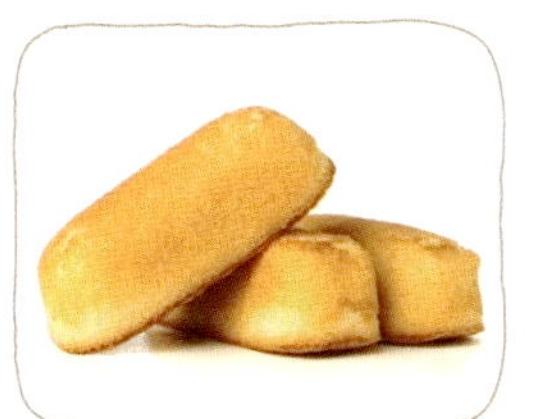

스펀지케이크

공기를 가득 담고 있는 성질을 이용해 부풀리는 작용을 해요.

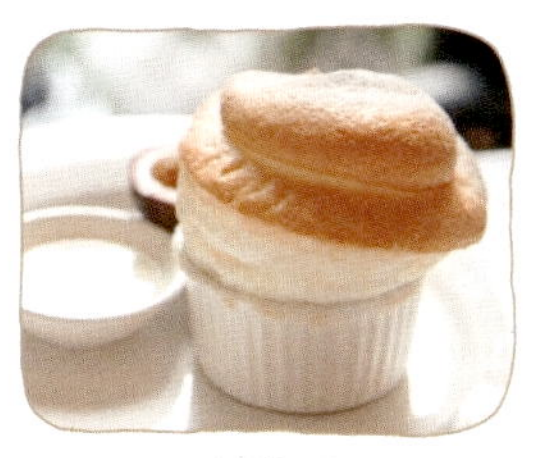

수플레

흰자 거품의 부드러운 성질을 이용한 것이에요.

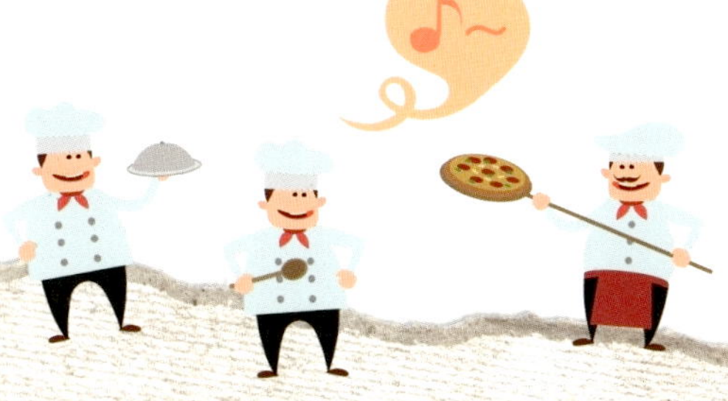

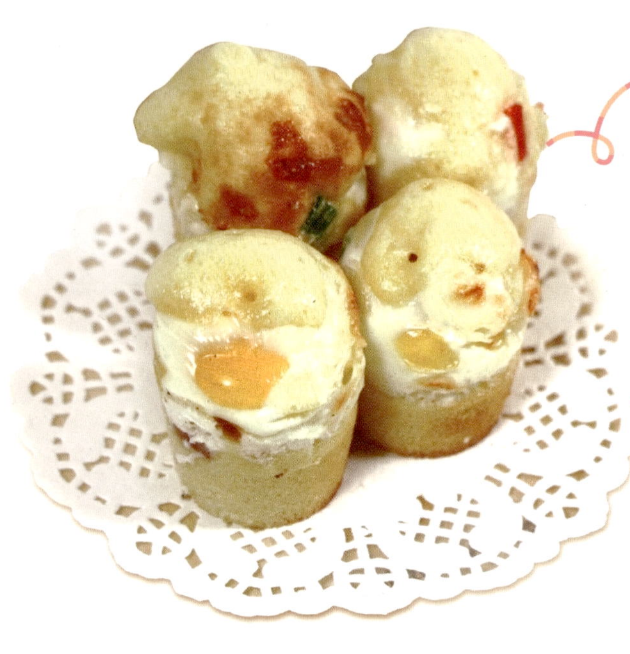

메추리알 머핀

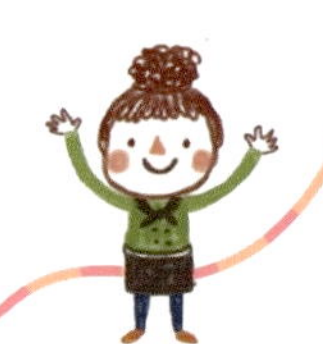

재료 [반죽] 핫케이크 가루 2컵, 우유 200g, 달걀 1개
[토핑] 메추리알 8개, 토핑 채소·햄·피자 치즈 20g

도구 믹싱 볼, 거품기, 숟가락, 작은 종이컵, 오븐, 오븐 장갑

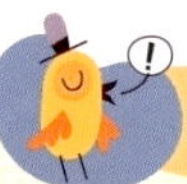

순서대로 따라해 보아요.

1 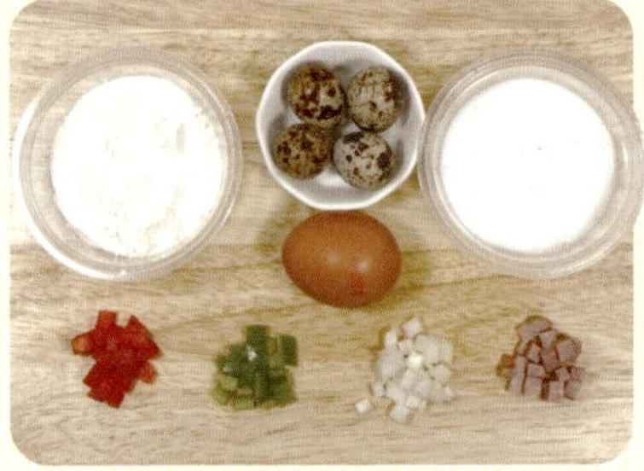

분량의 재료를 준비해 주세요.

2 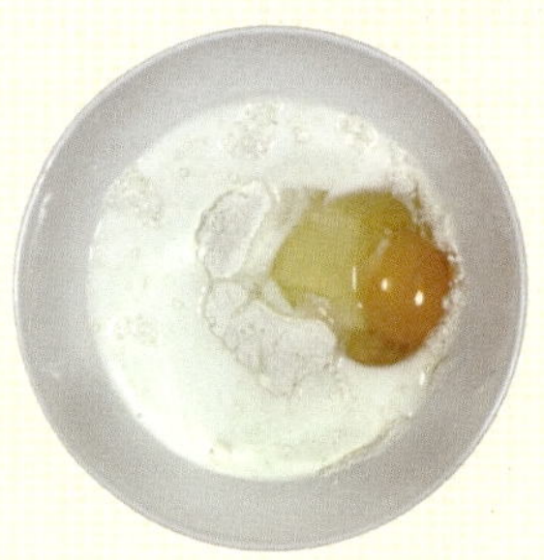

핫케이크 가루에 우유와 달걀을 넣어 반죽을 만들어 주세요.

3 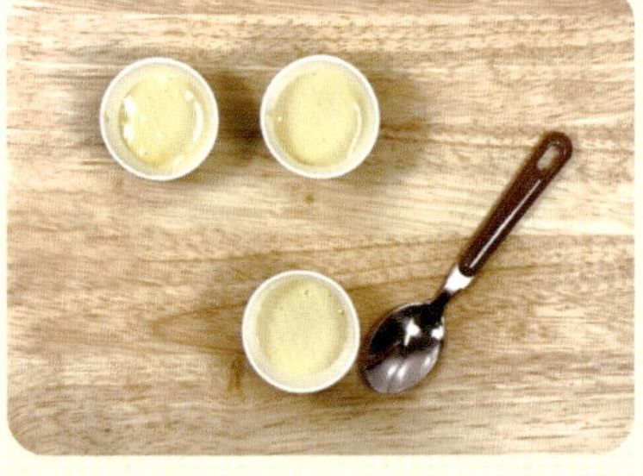

작은 종이컵의 절반 정도(나중에 부풀어 오름)만 반죽을 담아 주세요.

4 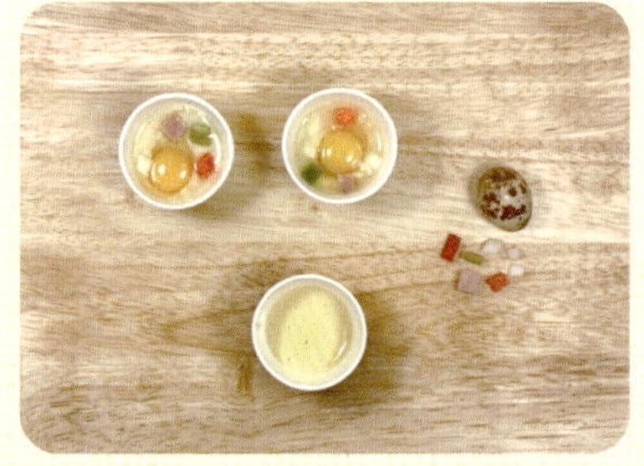

토핑 재료를 올리고, 190℃ 오븐에서 10분 동안 구워 주세요.

구분	달걀	메추리알
모양		
동물		
크기		달걀 1개 = 메추리알 5개
영양	메추리알에 비해 탄수화물 함량이 많아요.	달걀에 비해 단백질 함량과 열량이 높아요.
익숙한 음식	달걀말이	메추리알 장조림

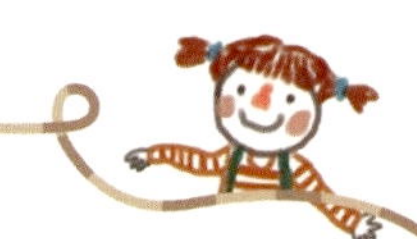

바게트 피자

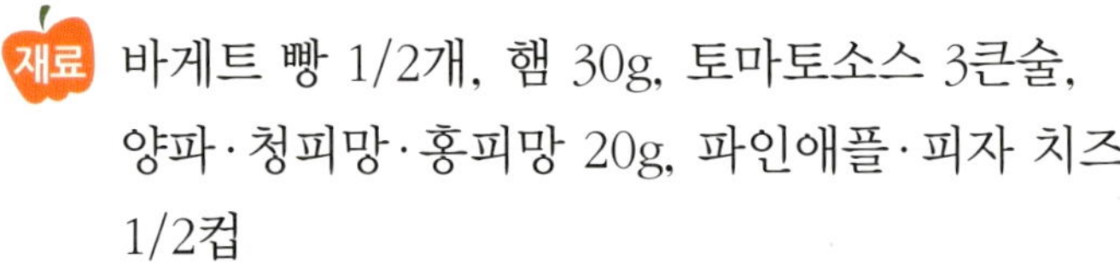

재료 바게트 빵 1/2개, 햄 30g, 토마토소스 3큰술, 양파·청피망·홍피망 20g, 파인애플·피자 치즈 1/2컵

도구 믹싱 볼, 칼, 도마, 숟가락, 오븐 팬, 오븐, 오븐 장갑

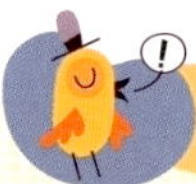

순서대로 따라해 보아요.

1 분량의 재료를 썰어서 준비해 주세요.

2 바게트 빵 속을 잘 파내어 주세요.

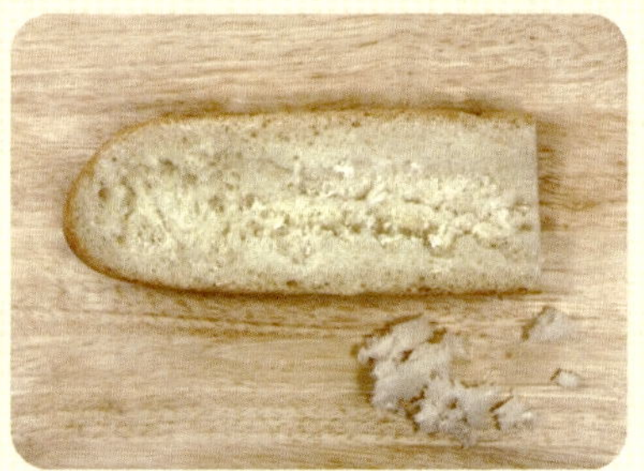

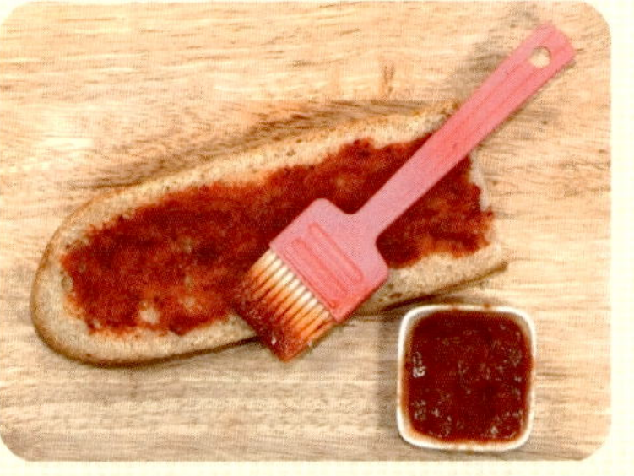

3 파낸 빵 속에 토마토소스를 발라 주세요.

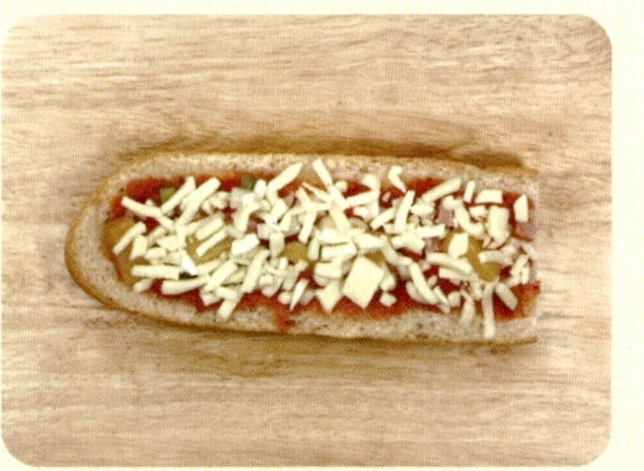

4 잘라 둔 재료를 모두 토핑한 후, 180℃ 오븐에서 10분 동안 구워 주세요.

바게트는 프랑스 말로 '지팡이, 막대기'라는 뜻으로 긴 모양의 빵이에요. 밀가루, 물, 소금, 이스트만을 넣어 만드는데, 겉은 바삭하고 속은 부드럽죠. 특히 이 빵의 상징인 칼집 모양은 부풀어 오르면서 빵이 불규칙하게 터지는 것을 막기 위해 모양을 잡을 때 미리 그려 넣은 것이랍니다.

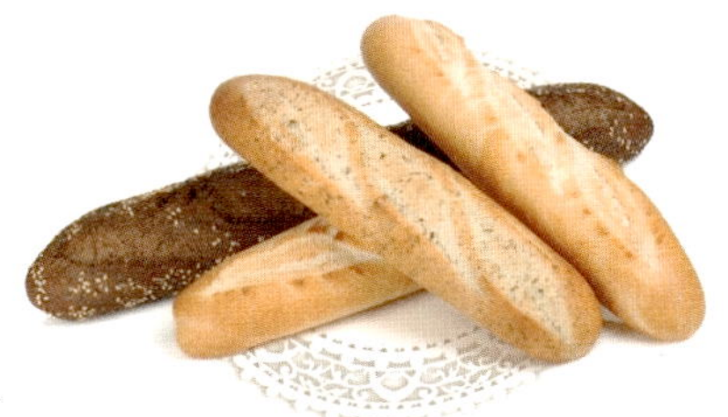

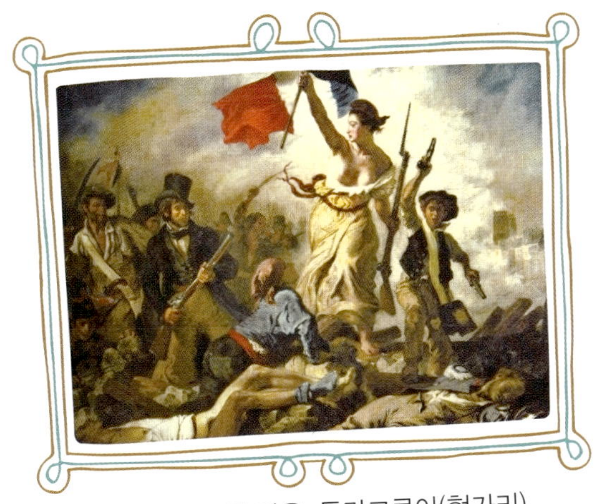

바리케이드의 자유, 들라크루아(헝가리)

프랑스 혁명을 간단하게 정리하면, 당시의 사치스러운 왕족과 부패한 귀족에게 시민들이 대항하고, 갈등을 표출한 것이라고 할 수 있어요.

가난과 배고픔에 굶주린 시민들은 빵을 달라고 외쳤는데, 이 시기에는 신분에 따라 먹을 수 있는 빵의 색깔과 종류가 달랐다고 해요. 하얀 밀가루로 만든 부드러운 빵은 귀족들을 위한 것이었고, 호밀이나 귀리로 만든 딱딱하고 검은 빵은 서민들의 것이었죠. 더구나 이런 서민의 빵에는 톱밥이나 흙 등이 섞여 있었어요.

이런 차별 사회를 변화시키고자 프랑스 혁명이 시작되고, 4년 후인 1793년 11월 15일 국민 의회는 "빵의 평등권(The Bread of Equality)"을 선포하였어요. 오직 한 종류의 빵만을 만들어 팔아야 하고, 부자와 가난한 사람 모두에게 좋은 밀가루를 4분의 3, 호밀을 4분의 1의 비율로 섞어 만들며, 길이는 80cm, 무게는 300g이어야 한다는 내용이에요. 그리고 이 법은 어기는 사람은 "빵의 평등권"에 따라 감옥에 갈 수 있다는 조항까지 있었다고 해요.

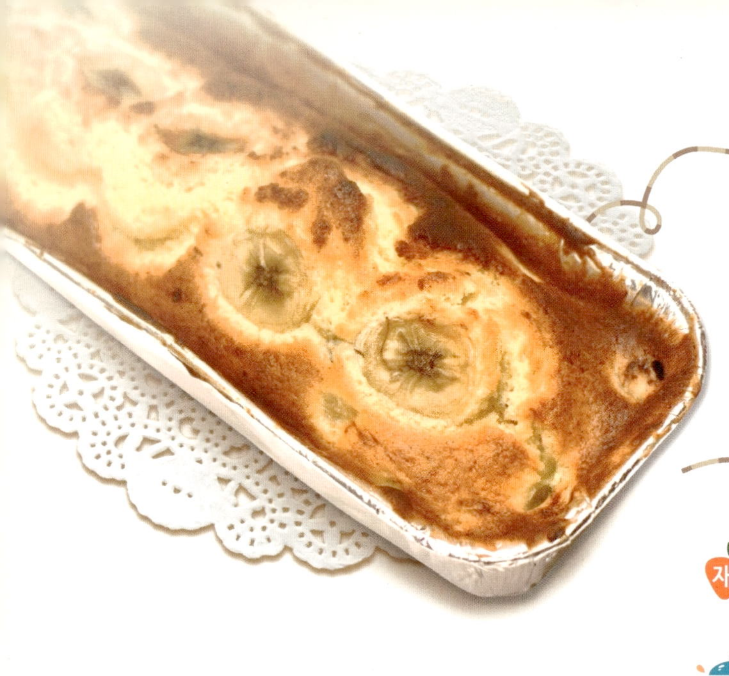

바나나 파운드케이크

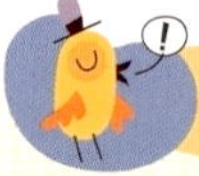 **순서대로 따라해 보아요.**

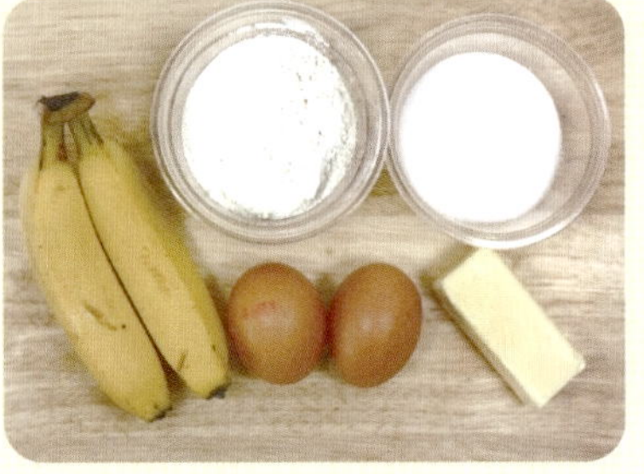

준비된 재료 중 먼저 버터를 녹인 뒤,

설탕을 넣고 저어 주세요.

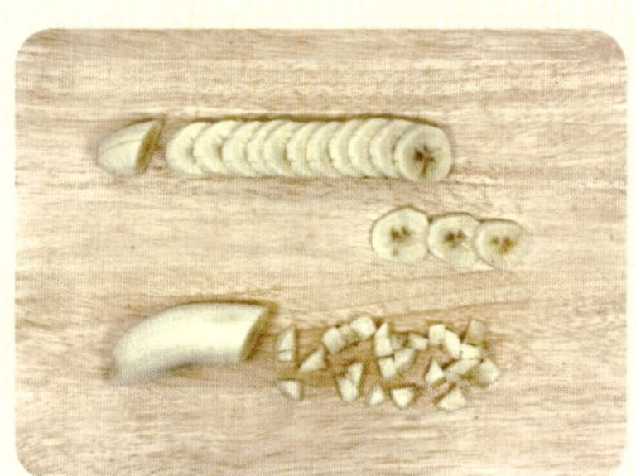

바나나를 두 가지 모양으로 썰어서 준비해

주세요.

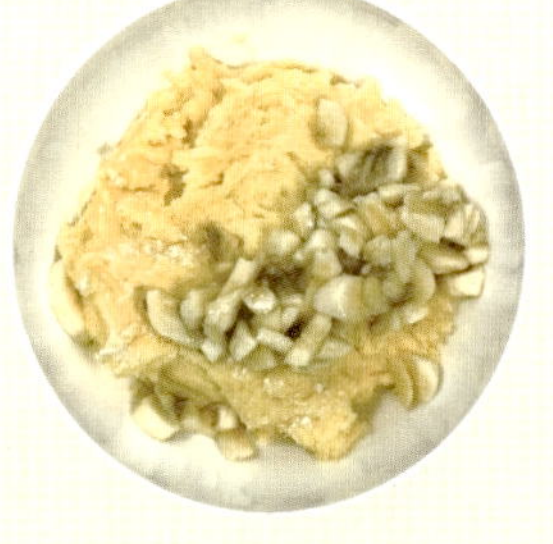

달걀을 먼저 넣고, 가루 재료를 넣어 반죽

한 뒤, 잘게 썬 바나나를 섞어 주세요.

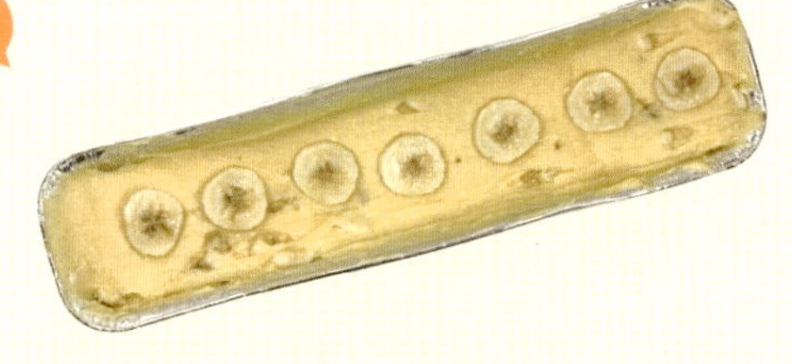

틀에 반죽을 반 정도 담고, 바나나를 올려

180℃ 오븐에서 15분 동안 구워 주세요.

파운드케이크는 밀가루, 버터, 설탕, 달걀을 1:1:1:1의 비율로 섞어 둥글거나 네모난 틀에 채워 구워 낸 버터 케이크(butter cake)를 말해요. 기본 재료의 배합이 '1파운드' 단위이기 때문에 붙여진 이름이지요.

현재는 다양한 종류의 파운드케이크가 만들어지면서 재료의 배합도 조금씩 변화하고 있지만, 그래도 모두 파운드케이크라고 부르고 있답니다.

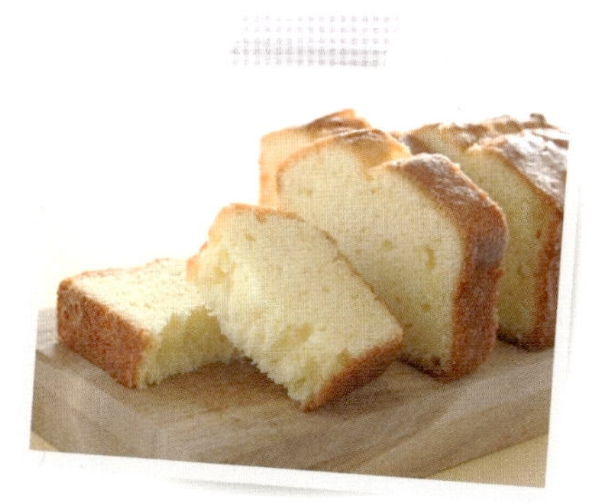

파운드의 무게는 얼마나 되나요?

미국이나 유럽 지역은 무게의 단위로 대부분 파운드를 쓰고 있어요. 이것을 우리나라에서 주로 사용하는 Kg(킬로그램), 또는 g(그램)으로 환산해 보아요.

$$1\text{pound}(파운드) = 0.45\text{Kg} = 450\text{g}$$

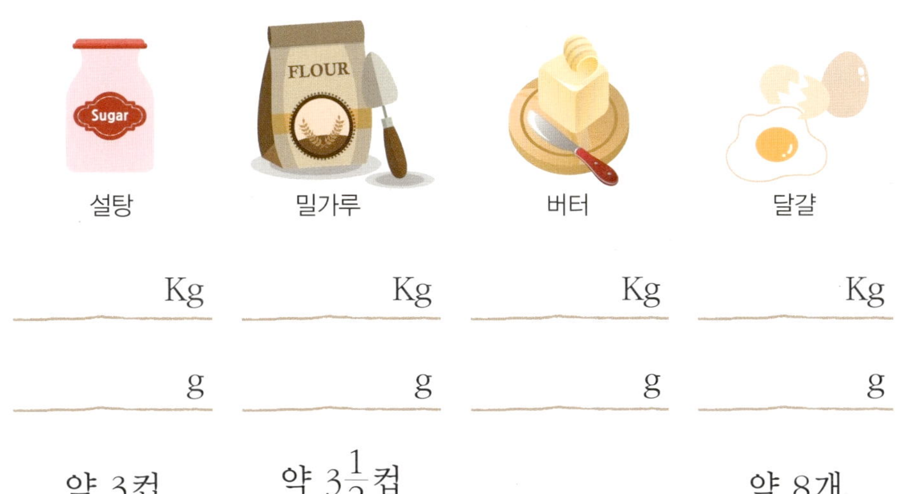

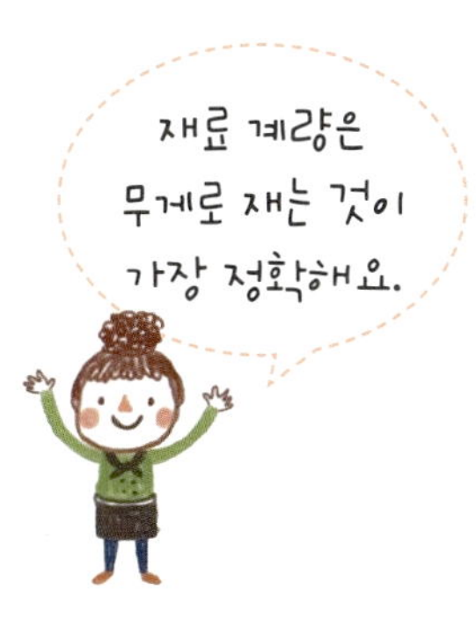

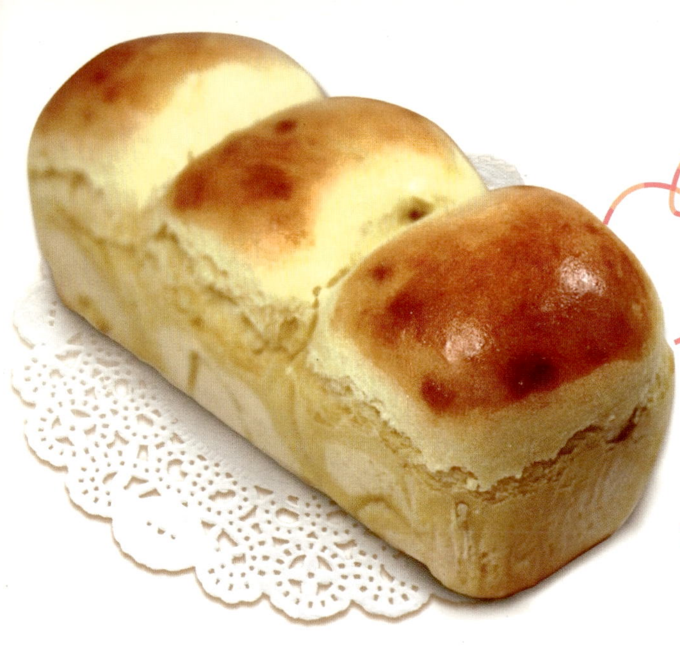

밤 식빵

재료 빵 반죽(53쪽 참고) 200g, 조린 밤 50g, 달걀물

도구 믹싱 볼, 밀대, 식빵 틀, 오븐, 오븐 장갑

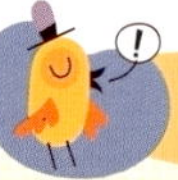 ## 순서대로 따라해 보아요.

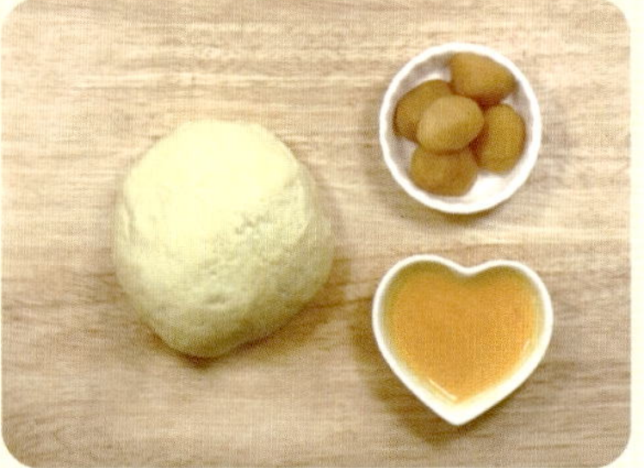

1 빵 반죽과 재료를 준비해 주세요.

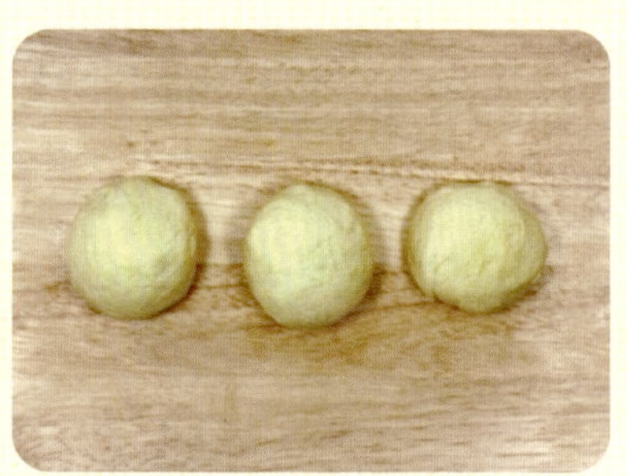

2 빵 반죽을 세 덩이로 나눈 뒤, 각각 펴서

밤을 넣고 말아 주세요.

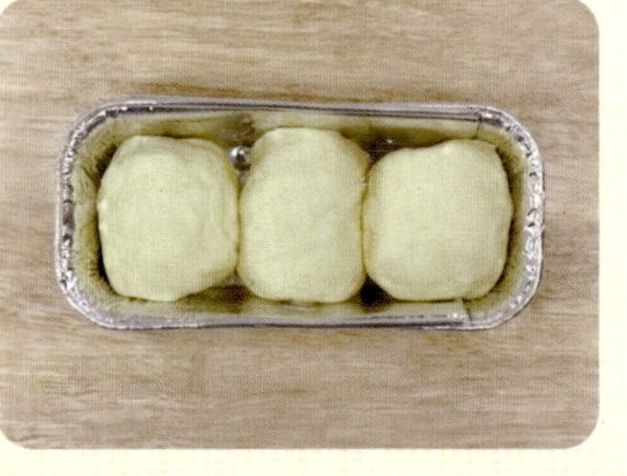

3 식빵 틀에 반죽을 나란히 넣어 주세요.

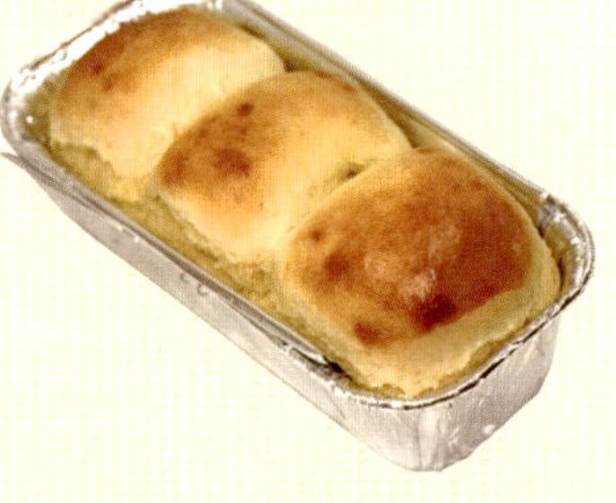

4 윗면에 달걀물을 바르고 예열(190℃)된

오븐에 15분 동안 구워 주세요.

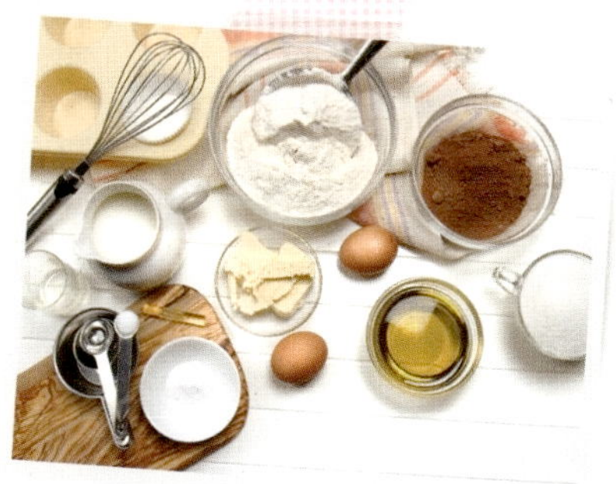

밀가루 가장 기본 재료로 발효 과정을 거치면 쫄깃한 식감의 글루텐이 형성되어요. 빵의 모양을 만들고, 다른 재료들을 품어 우리가 좋아하는 빵의 맛을 만들어 내요.

이스트 발효를 위해 사용하는 미생물이 당분을 먹고 가스를 발생하는데, 이것이 빵 속의 공기층을 만들어 내요. 또한 이스트만의 고유한 향기와 맛을 가지고 있어요.

당류 단맛을 내는 재료로 설탕, 물엿, 슈거파우더, 꿀 등 다양한 형태가 있어요. 이스트의 먹이가 되어 발효를 돕기도 하고, 열에 의해 갈색을 나타내 주며, 빵이나 쿠키의 조직을 부드럽게도 만들어 줘요.

달걀 완전식품인 달걀은 빵에 영양 성분을 주고, 기름과 수분이 잘 섞일 수 있도록 도와줘요. 또한 음식의 형태를 이루어 주고, 예쁜 노란색으로 식욕을 돋구워 준답니다.

유지 액체 상태인 것은 기름(oil)이라 하고, 고체 상태의 것은 지방(fat)이라 부르고 있어요. 빵을 만들 때는 주로 버터를 사용하는데, 음식의 조직을 부드럽게 만들어 주고 수분의 증발을 막아 빵이 촉촉하게 유지되지요.

우유 재료가 잘 섞이도록 도와주고, 빵의 영양과 맛을 높여 준답니다.

물 빵의 농도와 온도를 조절하고, 여러 가지 재료들이 쉽게 녹아 흡수될 수 있도록 해요.

소금 밀가루에 간을 해서 빵 맛을 좋게 하고, 나쁜 세균의 번식도 막아 주어요.

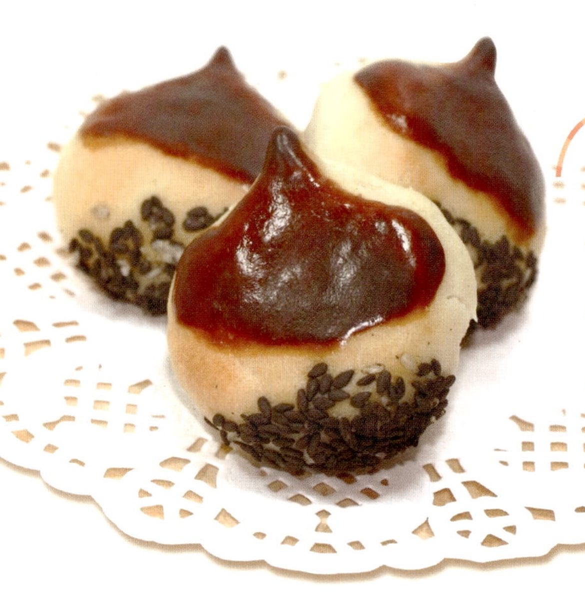

밤 만주 

[만주 반죽 5개] 연유 180g, 박력분 170g,
노른자 2개, 베이킹파우더 1작은술
흰 앙금 150g, 검은깨 1큰술, 달걀물

믹싱 볼, 숟가락, 오븐 팬, 오븐, 오븐 장갑

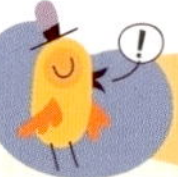 **순서대로 따라해 보아요.**

1 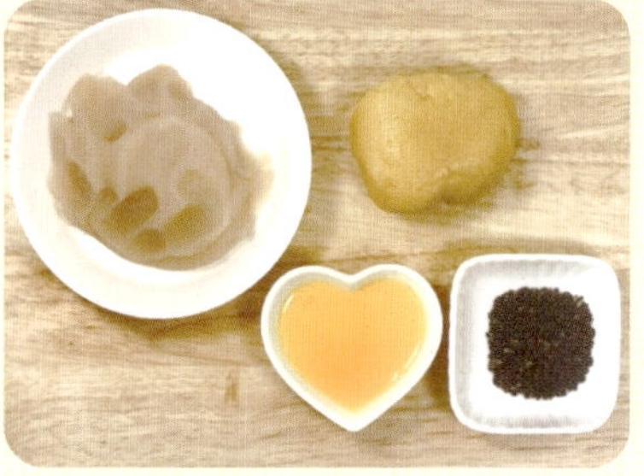

분량의 재료를 준비해 주세요.

2 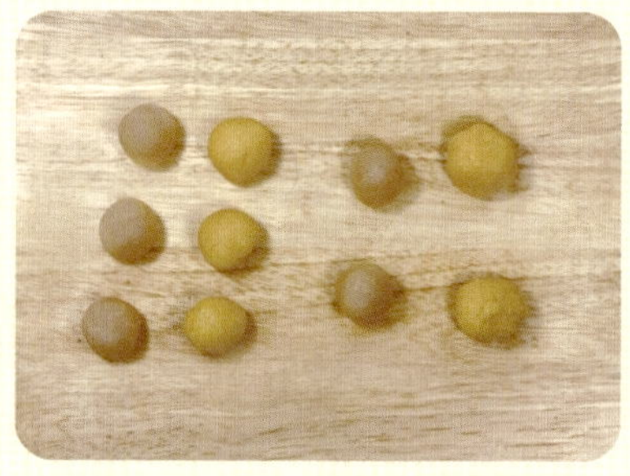

반죽과 팥 앙금을 나누어 둥글게 굴려
주세요.

3 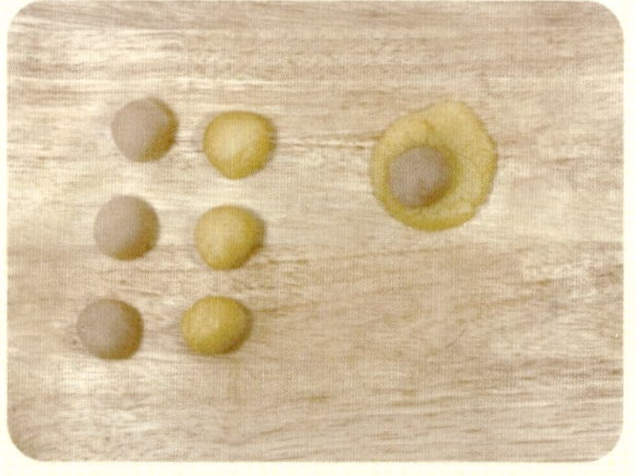

반죽에 팥 앙금을 넣고 밤 모양으로
만들어 주세요.

4 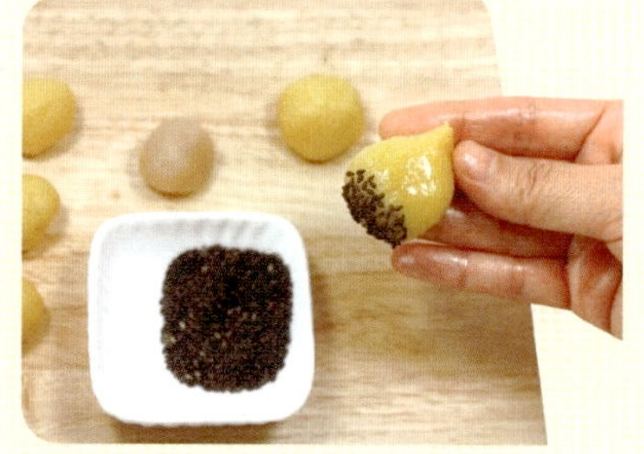

달걀물을 바르고 검은깨를 찍어 180℃
오븐에 15분 구워 주세요.

팥 앙금은 어떻게 만드나요?

1. 팥은 한소끔 끓이고, 첫물은 버려 주세요.
2. 다시 물을 붓고, 팔팔 끓여 주세요.
3. 설탕과 소금을 넣고, 팥을 으깨 주세요.
4. 수분이 날아가도록 저어 가며 끓여 주세요.
5. 잼 정도의 농도가 되면 완성이에요.

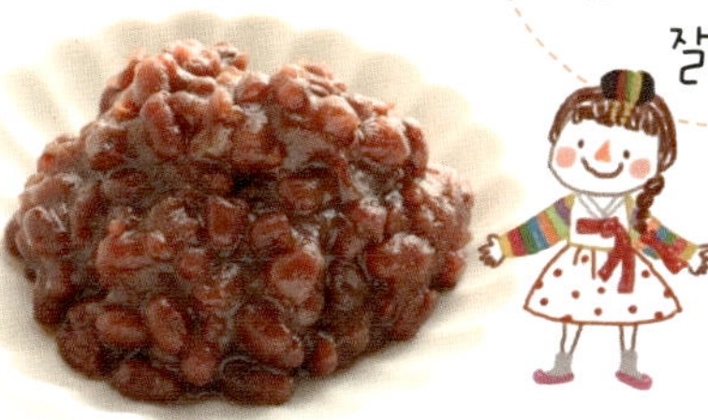

팥 앙금을 즐겨 먹는 일본의 전통 과자를 알아봐요.

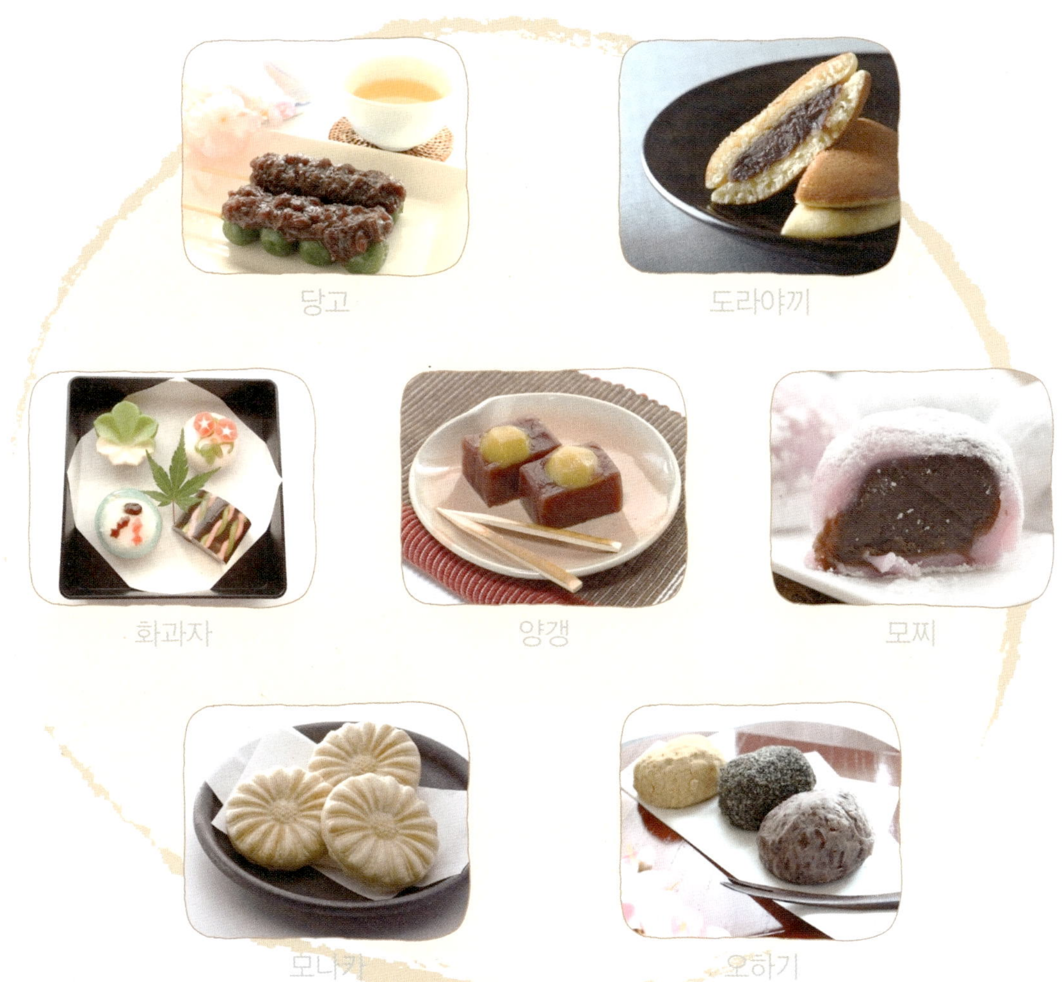

당고

도라야끼

화과자

양갱

모찌

모나카

오하기

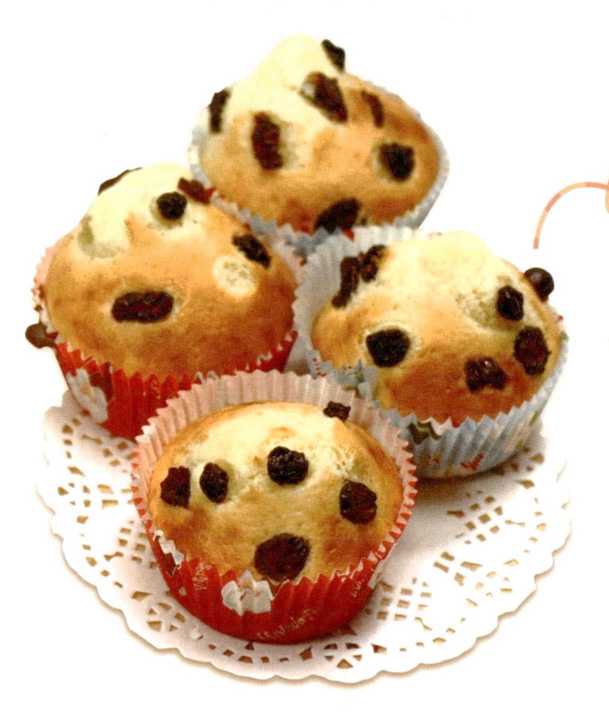

베리 머핀

박력분 130g, 버터 100g, 설탕 80g, 달걀 2개, 우유·블루베리·크랜베리(다양한 베리들 첨가) 2큰술, 베이킹파우더 1/2 작은술, 소금 약간

믹싱 볼, 거품기, 숟가락, 오븐 팬, 오븐, 오븐 장갑

순서대로 따라해 보아요.

1
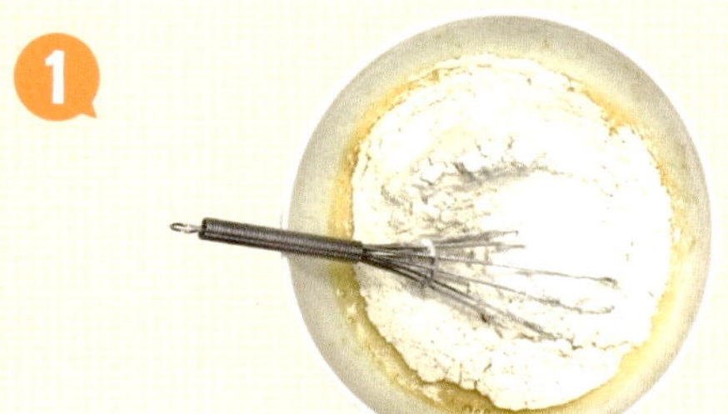
분량의 재료를 섞어서 머핀 반죽을 만들어 주세요.

2
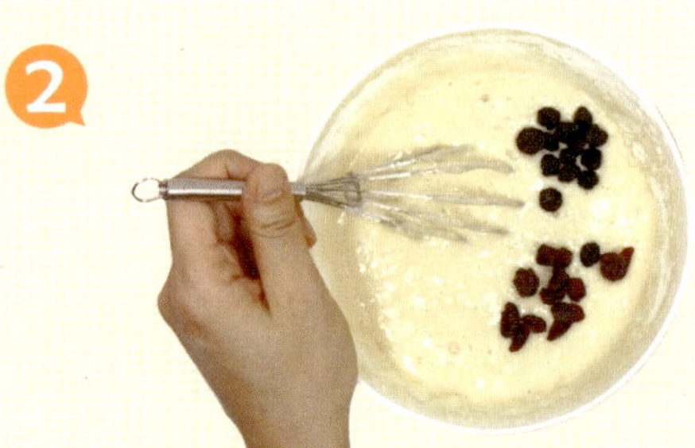
준비된 여러 가지 베리를 넣고 다시 반죽해 주세요.

3
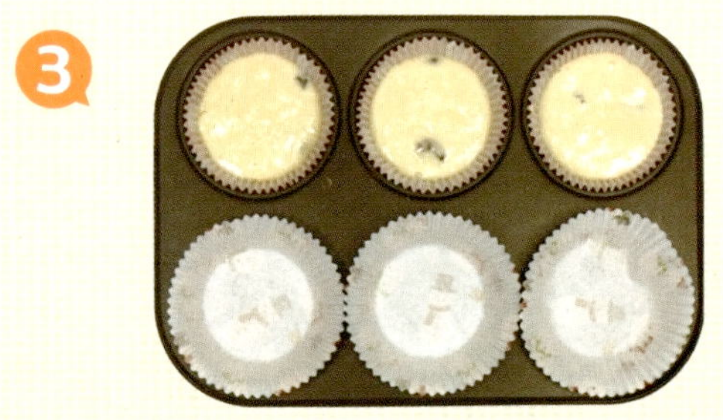
머핀 유산지에 반죽을 반만 넣어 주세요.

4
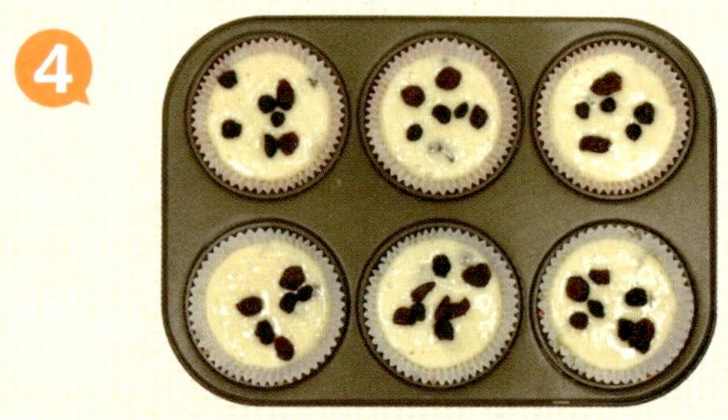
여러 베리를 올려 190℃ 오븐에서 15분 동안 구워 주세요.

베리는 무엇인가요?

베리(Berry)는 낱알을 뜻하는 단어인데, 주로 작은
열매들이 포도송이처럼 알알이 매달리는 과일을
묶어 부르고 있어요.

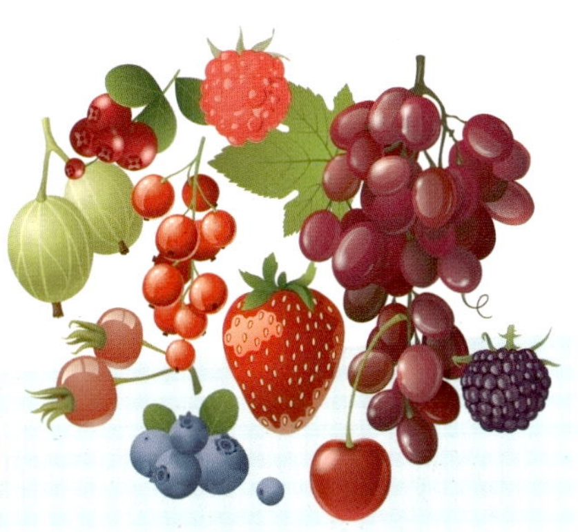

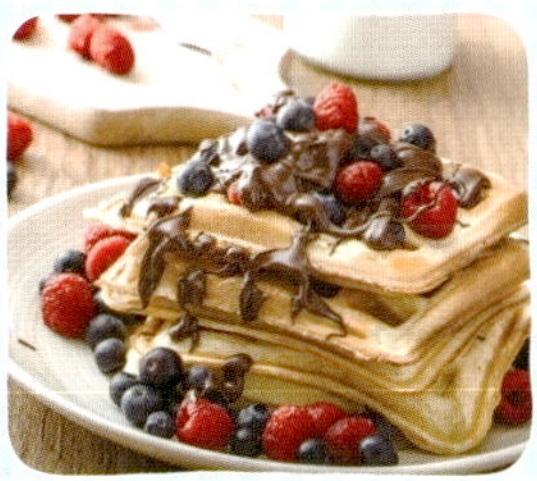
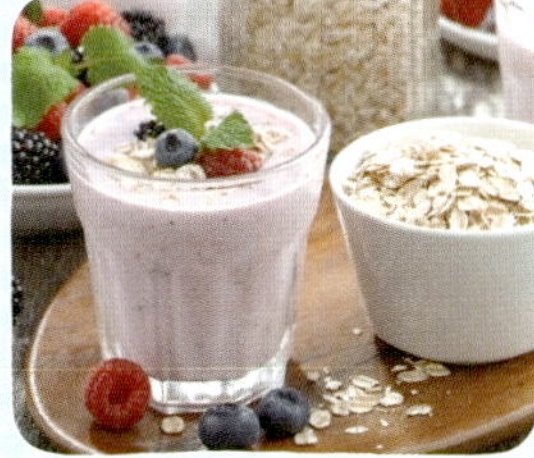
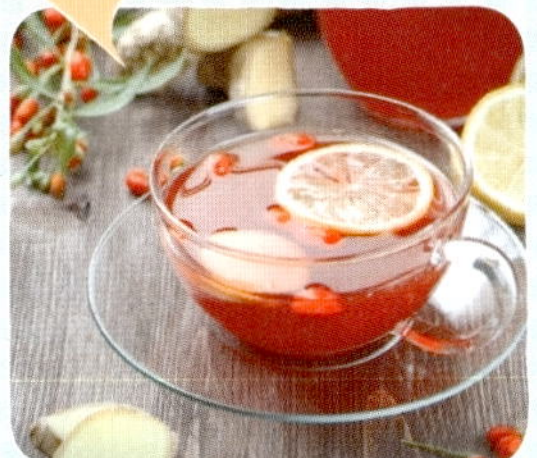
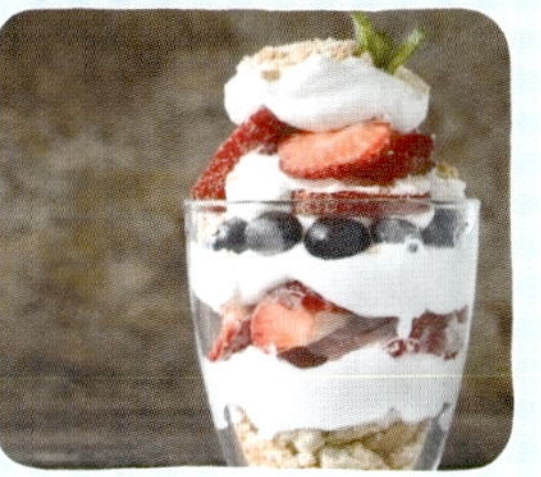

다양한 베리의 종류를 알아봐요!

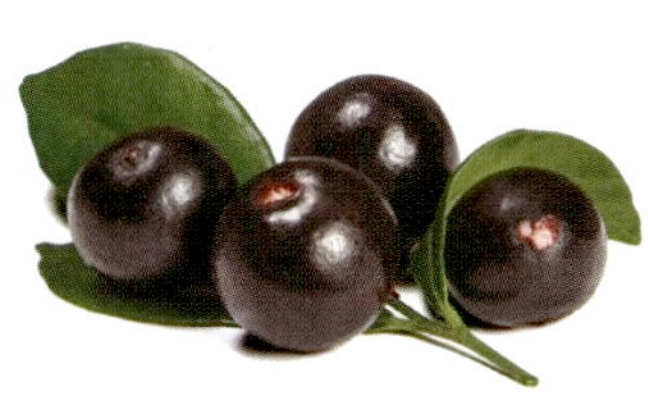

아사이 베리(Acai Berry)

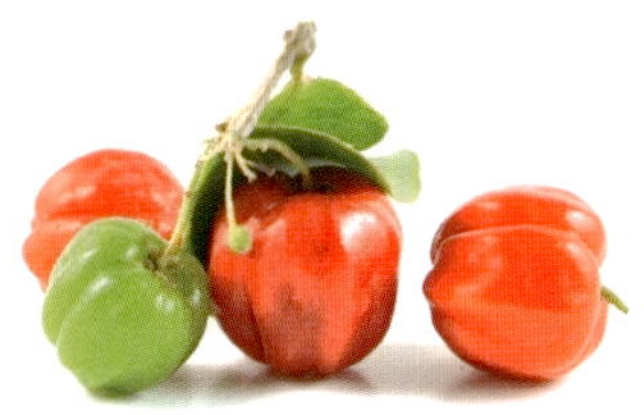

아세로라(Barbados Cherry)

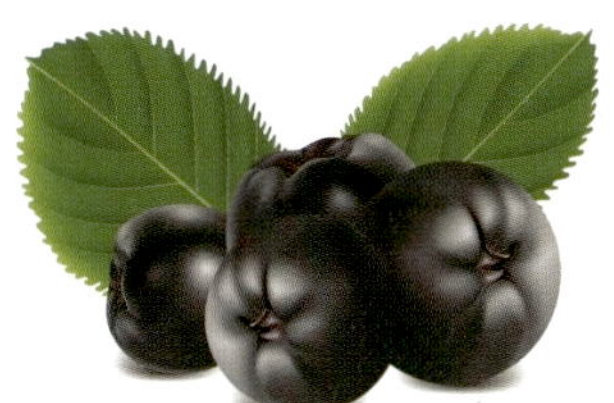

아로니아(Choke Berry)

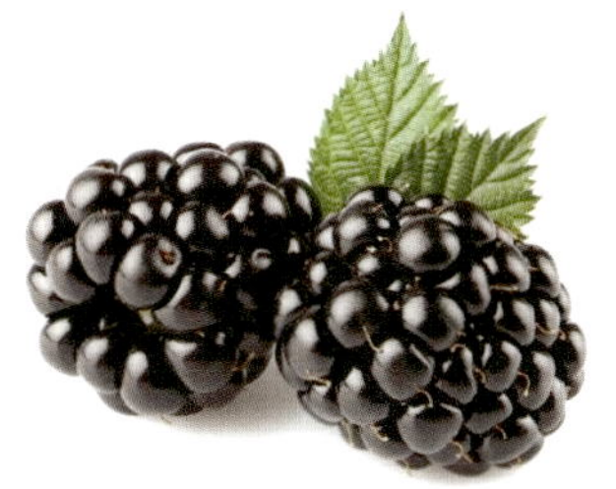

복분자(Blackberry)

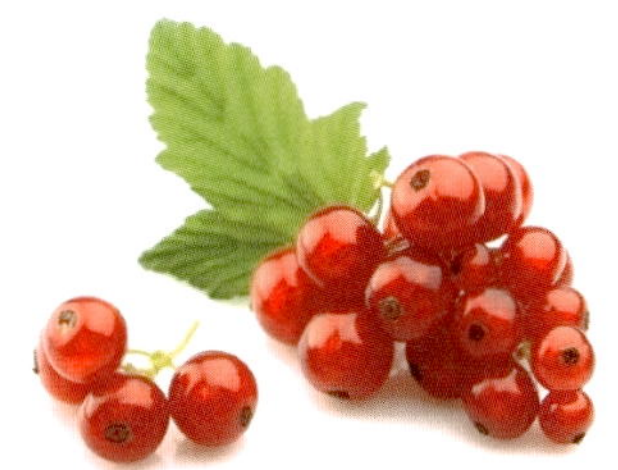

커런트(Currant)

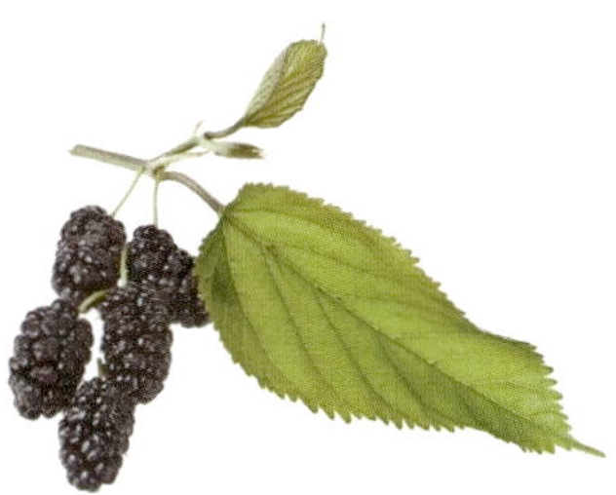

오디(Mulberry)

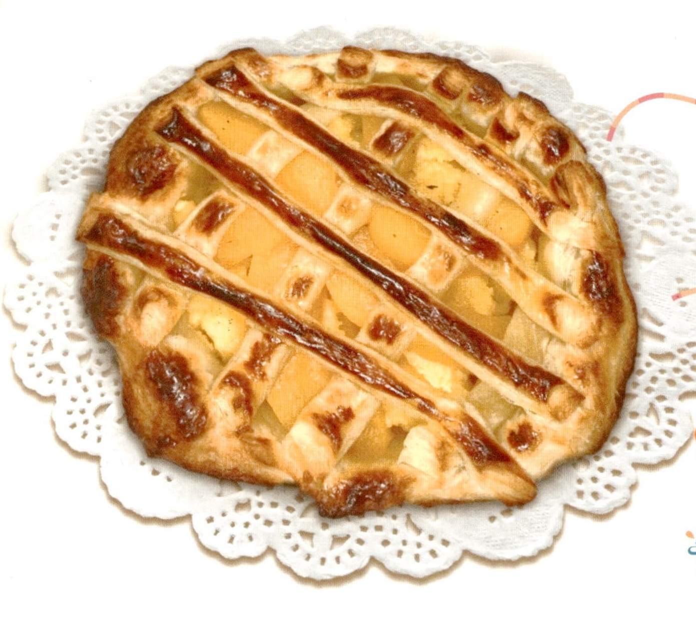

복숭아 파이

페이스트리 2장, 커스터드 크림(55쪽 참고) 3큰술, 황도 1개, 달걀물

믹싱 볼, 거품기, 숟가락, 밀대, 포크, 모양 틀, 오븐 팬, 오븐, 오븐 장갑

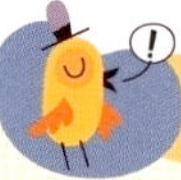 **순서대로 따라해 보아요.**

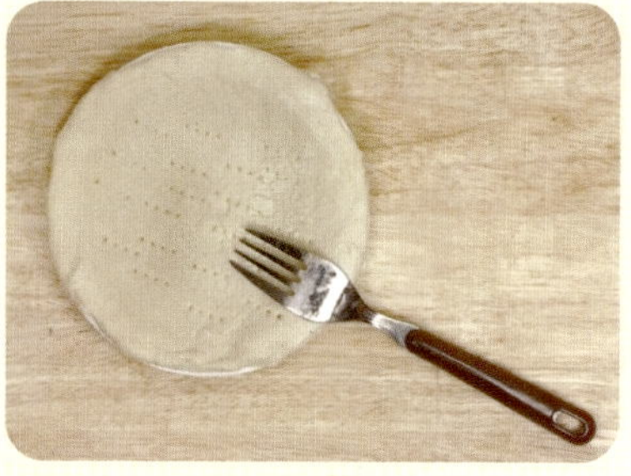

1 반죽 1장을 접시 바닥에 붙이고, 포크로 송송 구멍을 만들어 주세요.

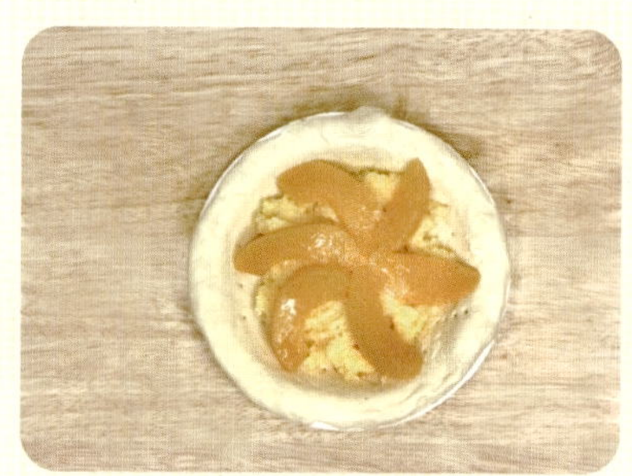

2 커스터드 크림을 바르고, 황도를 토핑해 주세요.

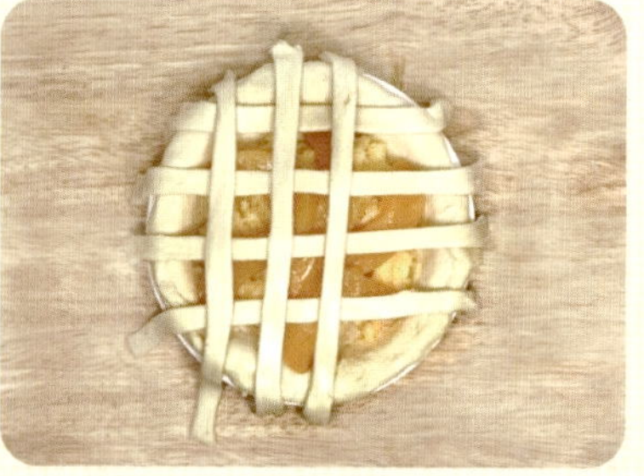

3 페이스트리 파이 반죽을 격자 모양으로 만들어 주세요.

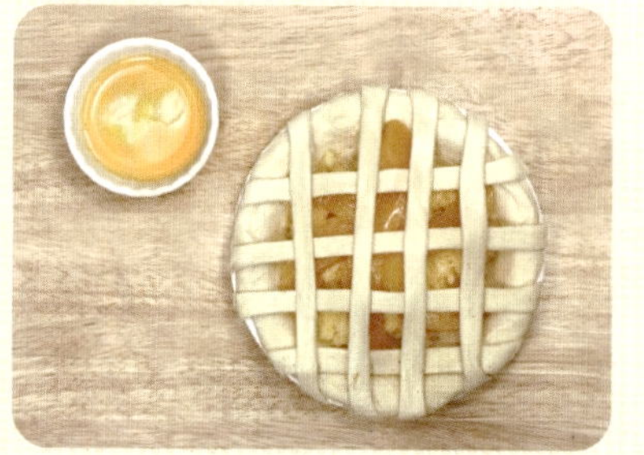

4 달걀물을 발라 180℃ 오븐에서 15분 동안 구워 주세요.

빵과 과자를 만들 때 달걀은 어떤 일을 하나요?

◎ 영양가 : 성장에 필수적인 완전 단백질을 공급해 줘요.

◎ 색 : 음식을 노릇노릇하게 색을 내어 식욕을 돋게 해요.

◎ 기포성 : 흰자를 거품기로 저어 주면, 공기를 품어 거품처럼 만들어져요.

◎ 응고성 : 달걀의 단백질이 열에 의해 굳으며 형태를 유지해 줘요.

◎ 유화제 : 노른자 안의 레시틴 성분이 물과 기름을 잘 섞이도록 도와줘요.

◎ 팽창제 : 반죽 안에서 공기를 머금어 부풀도록 도와줘요.

◎ 쇼트닝 효과 : 노른자 안의 지방이 부드러운 질감이 되도록 도와줘요.

◎ 결합 효과 : 달걀 속의 수분이 여러 가지 재료가 잘 섞일 수 있도록 도와줘요.

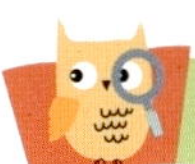

달걀의 구조를 알아봐요.

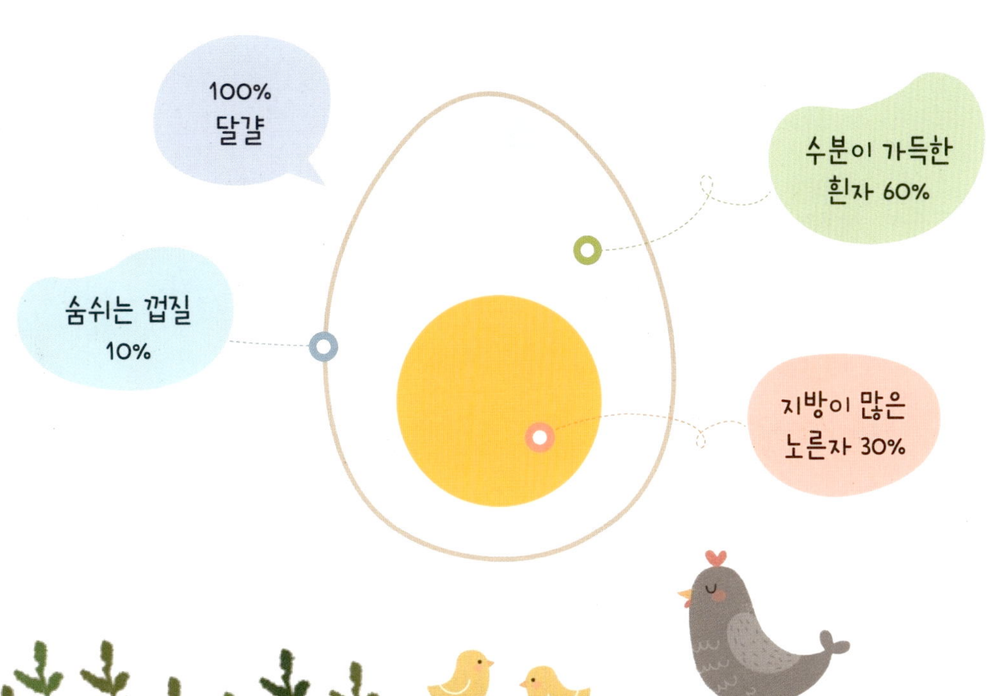

상투과자

재료 흰 앙금 300g, 달걀노른자 1개, 우유·아몬드 가루 1큰술

도구 믹싱 볼, 숟가락, 별모양 깍지, 짜주머니, 오븐, 오븐 팬, 오븐 장갑

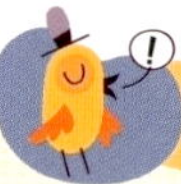

순서대로 따라해 보아요.

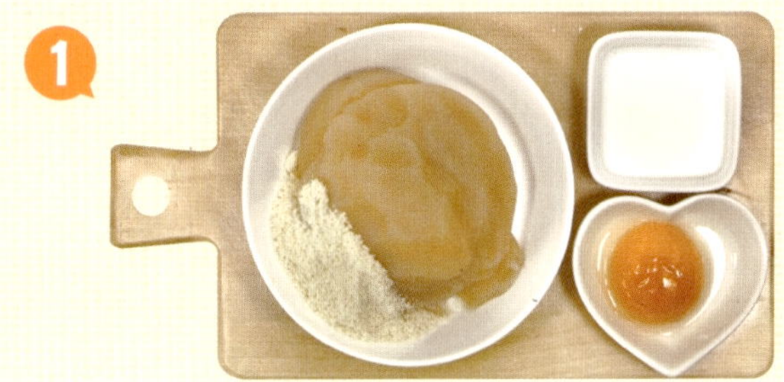

1 분량의 재료를 준비해 주세요.

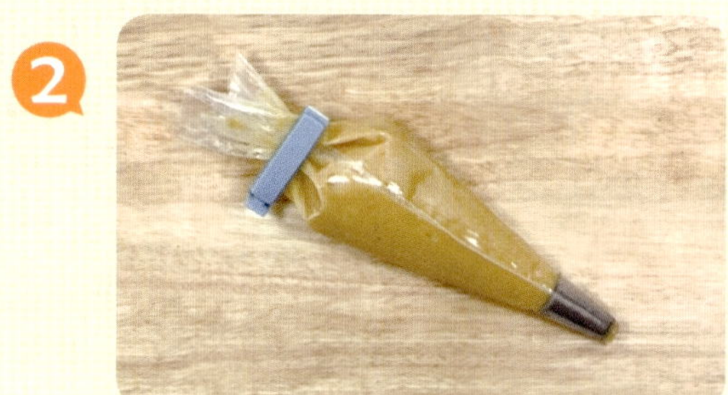

2 분량의 재료를 잘 섞어 짜주머니에 넣어 주세요.

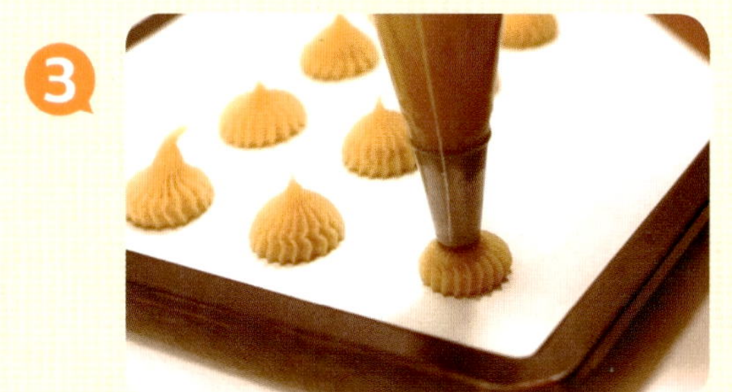

3 오븐 팬에 유산지를 깔고, 상투 모양으로 잘 짜 주세요.

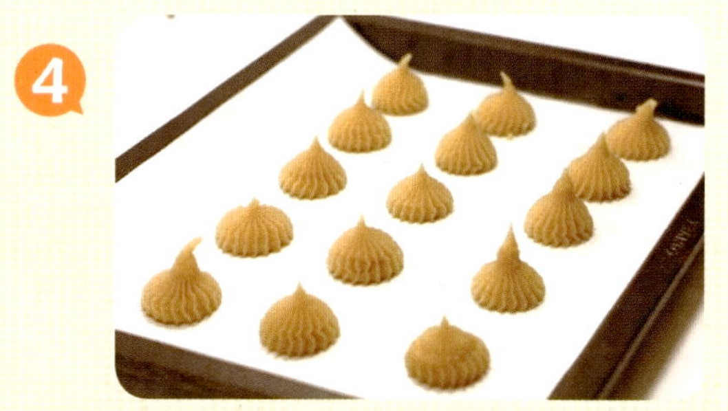

4 예열(170℃)된 오븐에 15~20분 동안 구워 주세요.

왜 상투과자인가요?

1970년대 중반부터 서양의 과자가 일본을 거쳐 일본식 과자로 변형되어 우리나라에 들어 왔어요. 여러 종류의 생과자가 유행을 하였는데, 이 중 앙금을 이용해 구워 낸 과자가 바로 상투과자랍니다. 밤 앙금을 이용해 만든 '구리볼'이라는 이름의 이 일본 과자는 한국에 들어와 상투 모양을 닮았다고 하여 상투과자라는 이름을 갖게 되었어요. 또한 밤 앙금뿐만 아니라, 다양한 앙금으로 만들어지게 되었답니다.

우리나라의 제과·제빵 지도를 만들어 봐요.

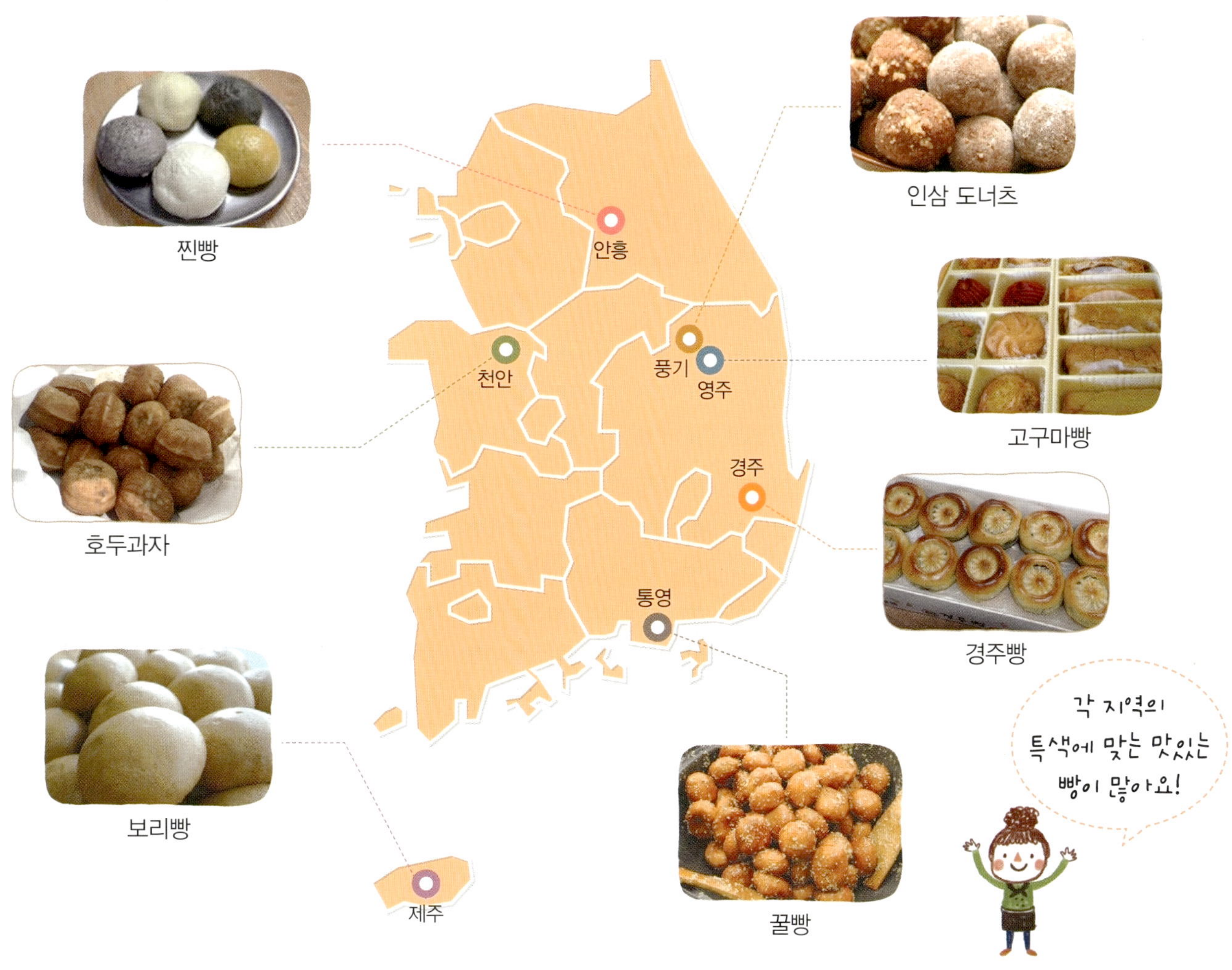

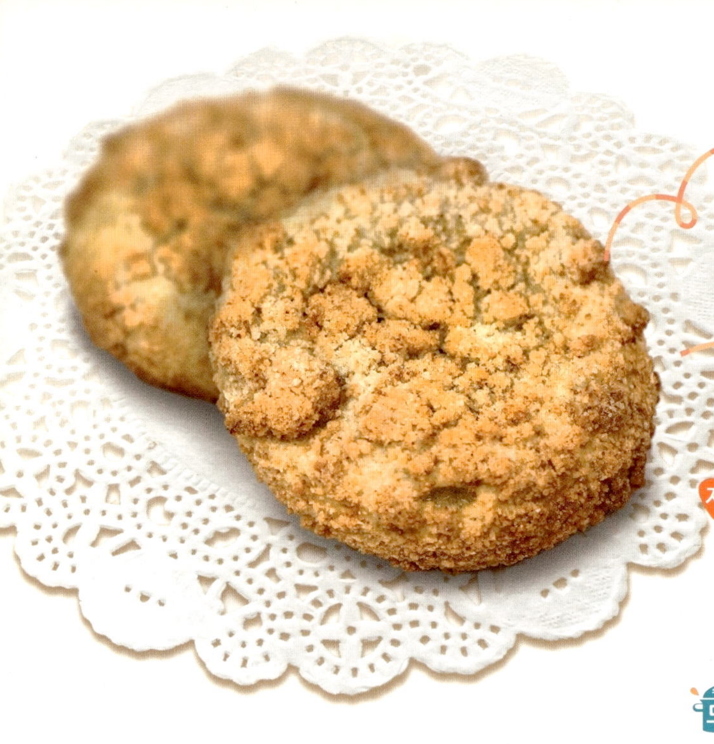

소보로 빵

재료 [반죽] 강력분 200g, 우유 100g, 설탕 25g, 버터 20g, 이스트 4g, 소금 3g, 달걀 1개
[소보로가루] 밀가루 120g, 설탕 75g, 버터 60g, 땅콩 버터 20g, 달걀 1개

도구 볼, 거품기, 주걱, 오븐, 오븐 장갑

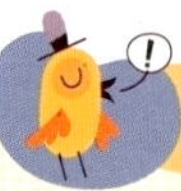

순서대로 따라해 보아요.

1 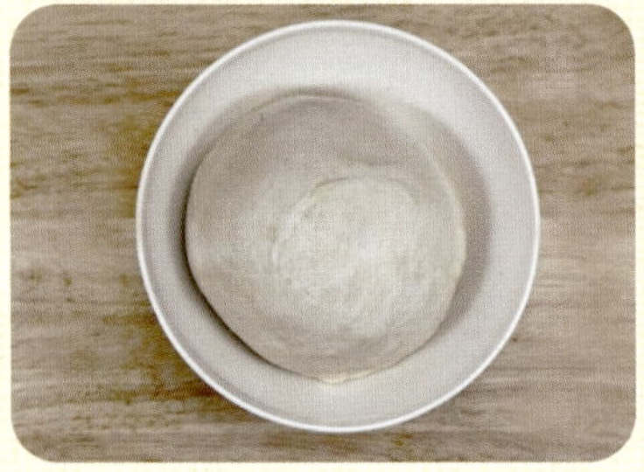

빵 반죽을 발효(40분 정도)시켜 주세요.

2 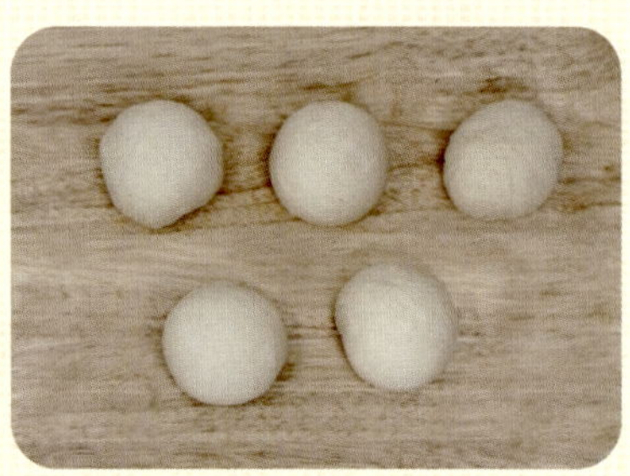

발효시킨 빵 반죽을 등분하여 둥글게 만들어 주세요.

3 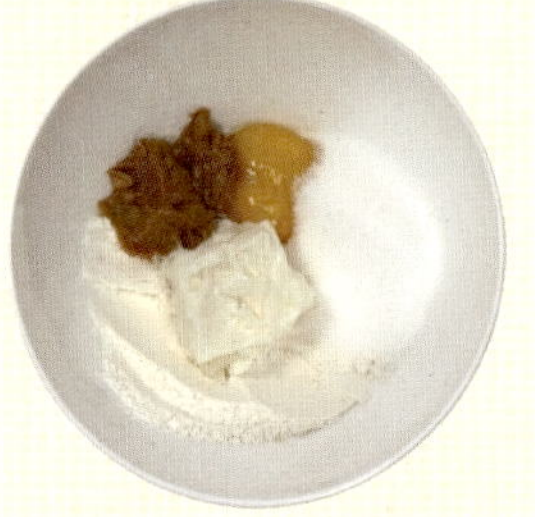

분량의 재료를 넣어, 소보로 가루를 만들어 주세요.

4 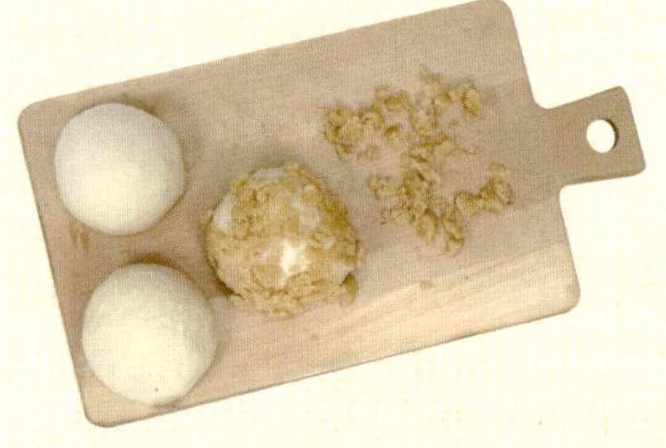

빵 반죽에 물을 바르고, 소보로를 묻혀 180℃ 오븐에 15분 구워 주세요.

 ## 밀가루는 세 종류가 있어요!

- 강력분 : 주로 빵을 만드는 데 이용하는 밀가루로, 일반 밀가루보다 차진 특성이 있습니다. 이것은 굳은밀로 만들었기 때문에 끈기가 많습니다.
- 중력분 : 국수나 전 등 대부분의 일반 음식을 만드는 데 이용하는 밀가루로, 딱딱하지도 무르지도 않은 중간 정도의 밀로 만들었습니다. 요리의 쓰임이 가장 다양합니다.
- 박력분 : 주로 과자나 튀김을 만드는 데 이용하는 밀가루로, 무른밀로 만들었기 때문에 끈기가 적습니다.

 ## 글루텐은 무엇일까요?

밀가루 속에 들어 있는 식물성 단백질의 혼합물이에요. 당과 지질을 포함한 회갈색의 찰기 있는 물질로, 쫄깃한 맛을 내는 성분이랍니다.

종 류	글루텐 함량	특징	느낌
강력분	13%	끈기가 세다.	쫄깃쫄깃하다.
중력분	11%	끈기가 중간이다.	일반 소면의 식감이다.
박력분	8%	끈기가 약하다.	부드럽고, 잘 부서진다.

음식에 알맞는 밀가루를 찾아볼까요?

강력분   중력분   박력분

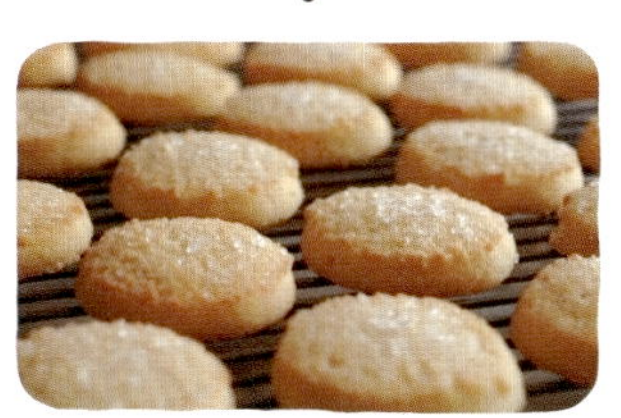

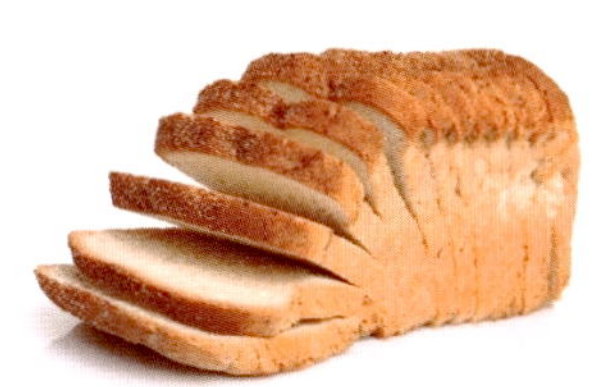

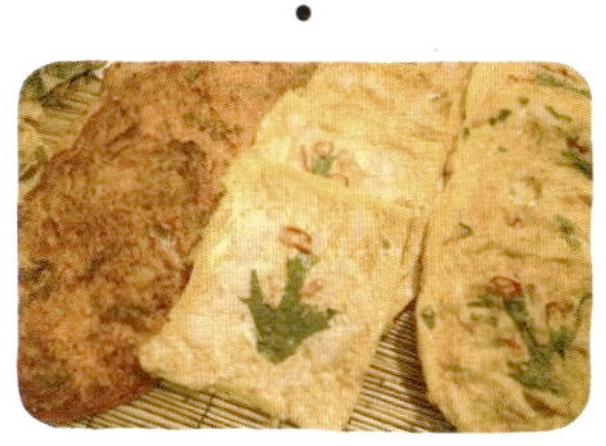

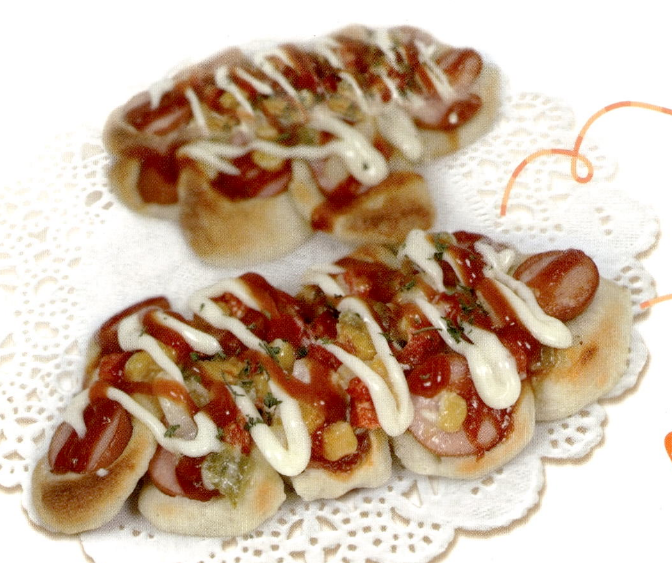

소시지 야채빵
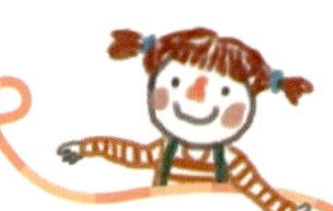

 빵 반죽(53쪽 참고) 300g, 소시지 4개, 청·홍 피망 20g, 양파·옥수수 콘 20g
[소스] 마요네즈, 케첩

 도마, 칼, 밀대, 볼, 숟가락, 가위, 오븐, 오븐 장갑

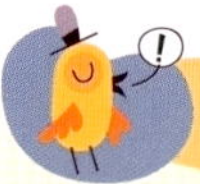

순서대로 따라해 보아요.

1
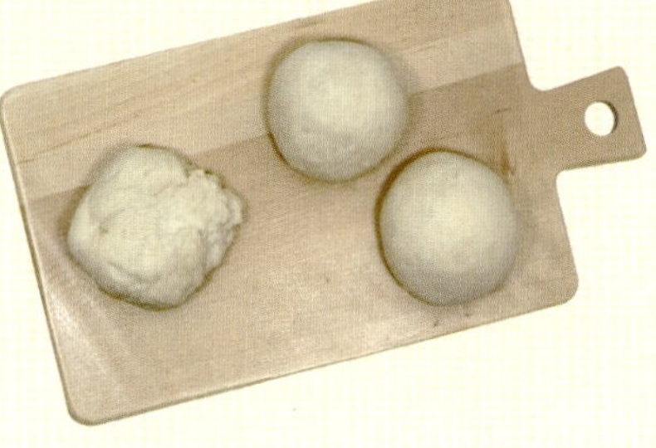
빵 반죽을 등분하여 둥글려 주세요.

2
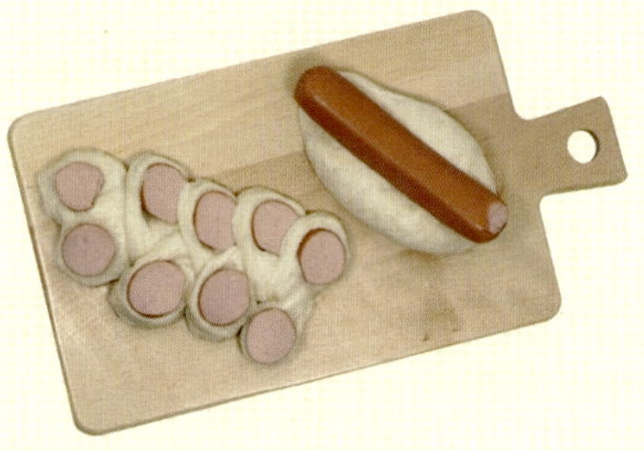
소시지를 반죽으로 감싸고 가위로 잘라 모양을 만들어 주세요.

3
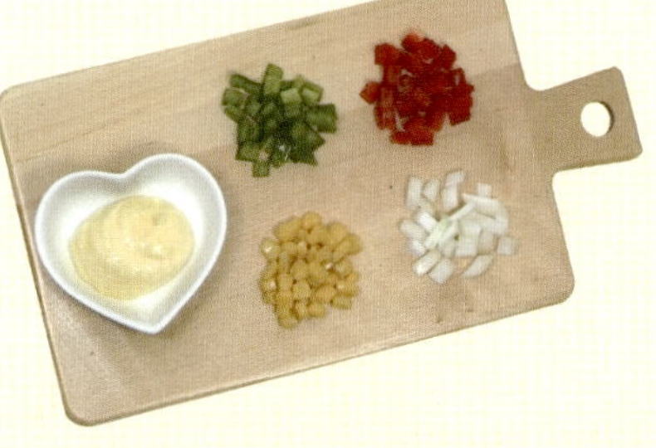
채소를 작게 잘라서 마요네즈와 함께 버무려 토핑 소스를 만들어 주세요.

4
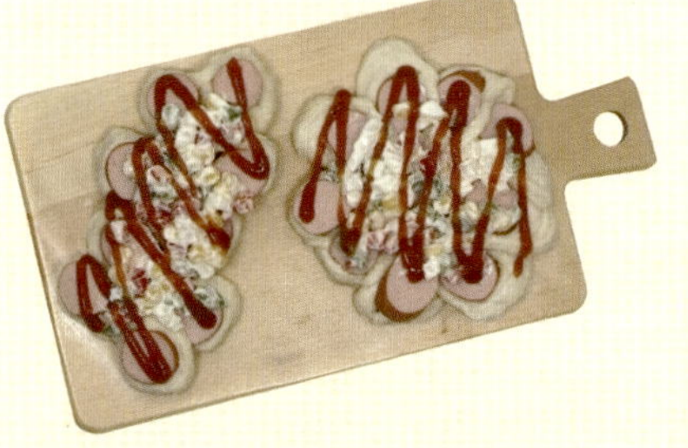
빵 위에 토핑 소스를 올리고 케첩을 뿌려 180℃ 오븐에 15분 구워 주세요.

＊기본 반죽 재료

강력분 200g, 우유 100g, 설탕 25g, 버터 20g, 이스트 4g, 소금 3g, 달걀 1개

1. 계량하기

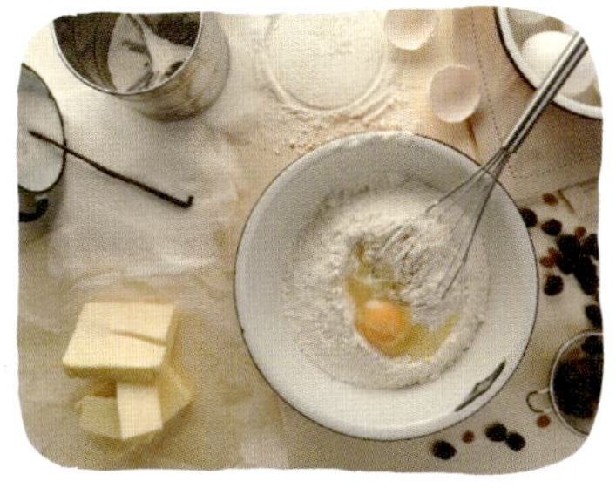

2. 반죽하기

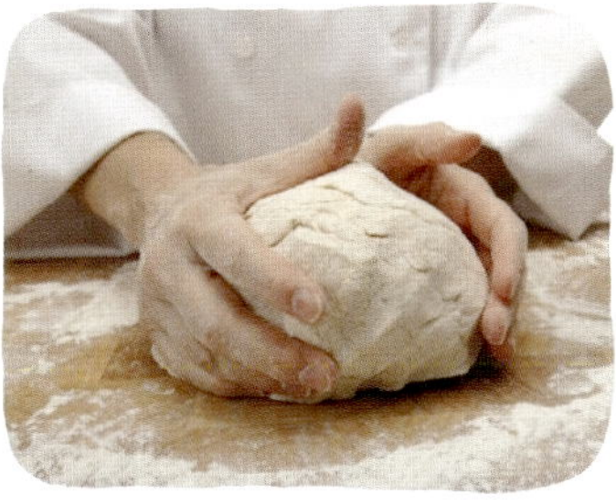

3. 1차 발효

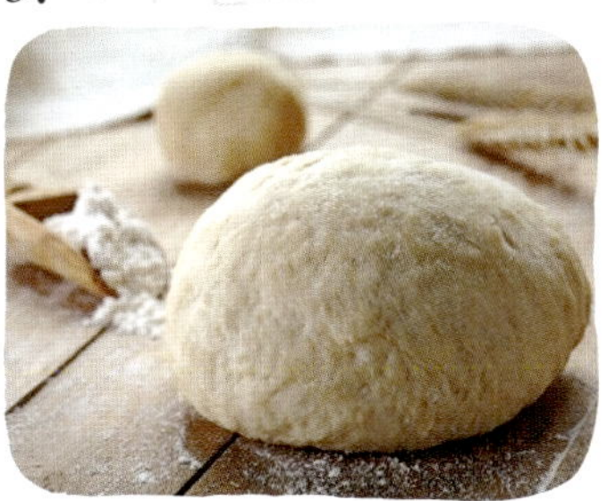

4. 모양 만들기(정형)

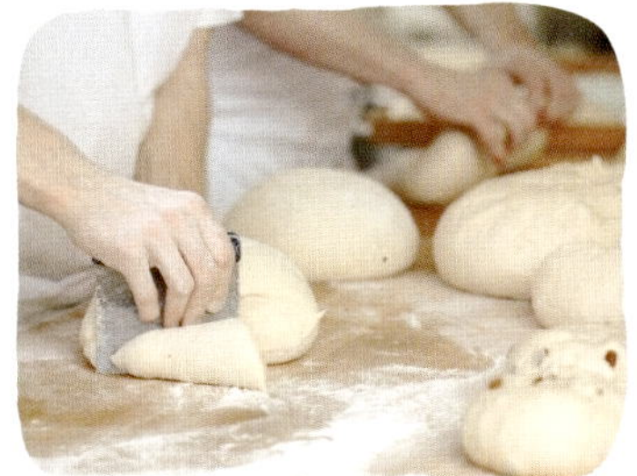

5. 2차 발효

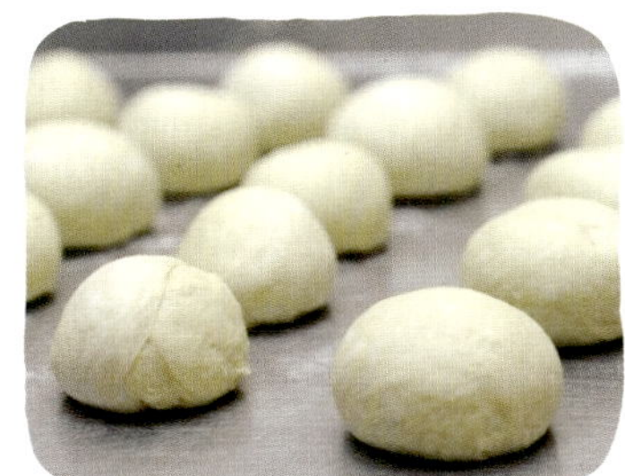

6. 굽기

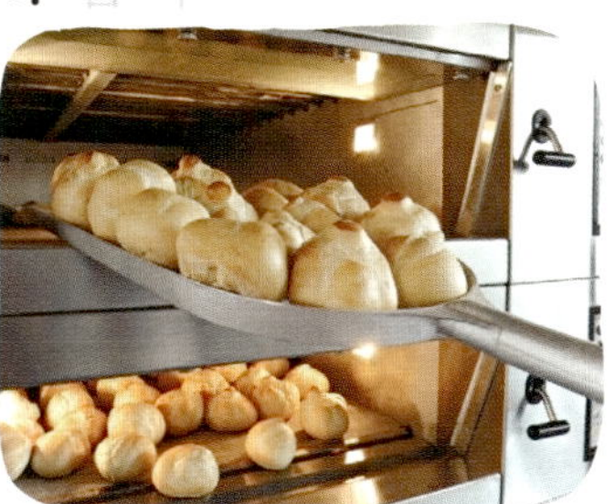

빵을 만들 때 우유는 왜 넣죠?

1. 빵의 영양가를 높여 줍니다.

2. 우유 속의 유당이 맛을 더 좋게 만듭니다.

3. 껍질을 연한 갈색으로 만들어 주어 먹음직스럽게 보입니다.

4. 유지방이 빵을 부드럽게 만들어 주고, 향도 좋아집니다.

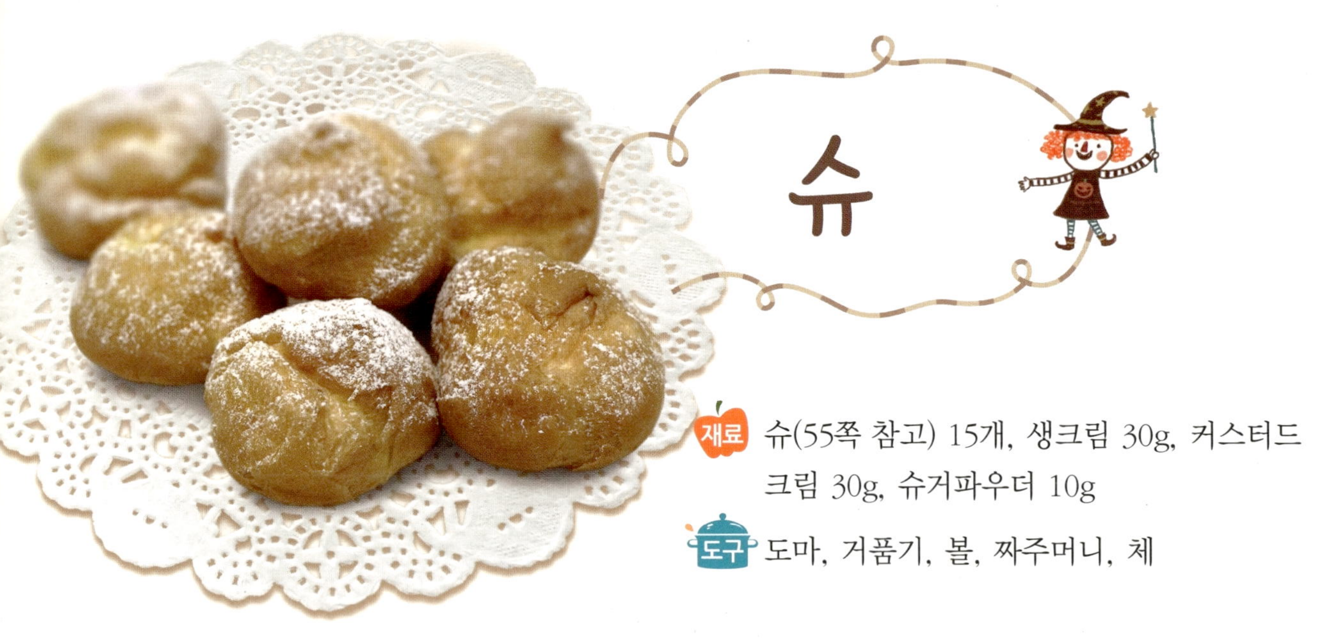

슈

재료 슈(55쪽 참고) 15개, 생크림 30g, 커스터드 크림 30g, 슈거파우더 10g

도구 도마, 거품기, 볼, 짜주머니, 체

순서대로 따라해 보아요.

1 생크림과 커스터드 크림을 고르게 섞어, 짜주머니에 넣어 주세요.

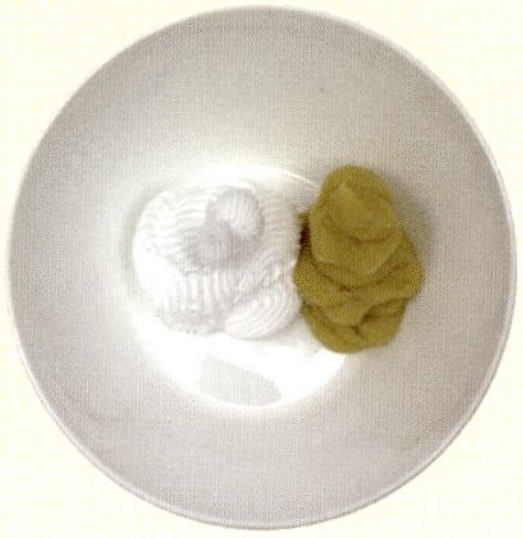

2 나무젓가락으로 슈 밑면에 크림을 넣을 구멍을 만들어 주세요.

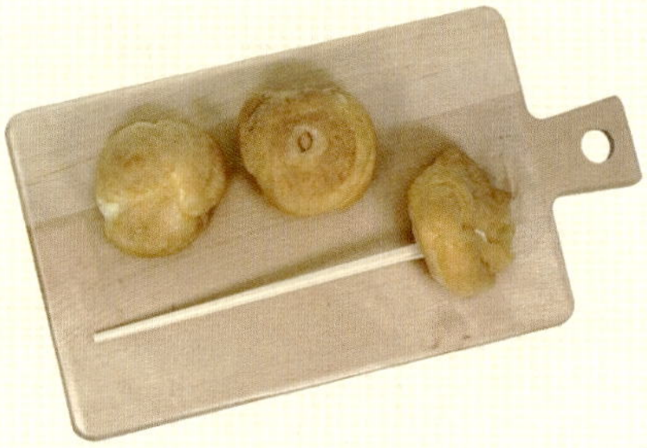

3 만들어진 구멍 안으로 크림을 넣어 주세요.

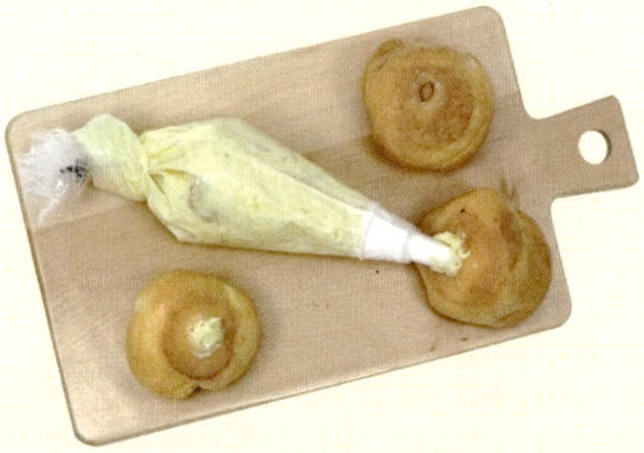

4 윗면에 슈거파우더를 곱게 체로 쳐서 뿌려 주세요.

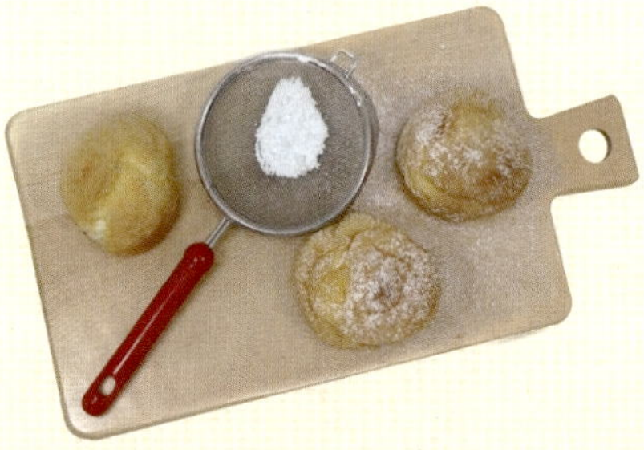

슈(Chou)는 무엇일까요?

프랑스어로는 콜리플라워나 방울양배추를 의미하는 말로, 우리에게는 슈크림 빵으로 유명해요. 부푼 모양이 이 채소들과 비슷하여 붙여진 이름으로, 영어에서는 크림 퍼프(cream puff)라고 불러요. 속이 비도록 오븐에 구워 부풀린 후, 안에 커스터드 크림을 넣은 과자라고 생각하면 쉽지요. 요즘에는 이 슈 안에 여러 가지 크림을 넣어 그 종류가 무척 많아졌어요.

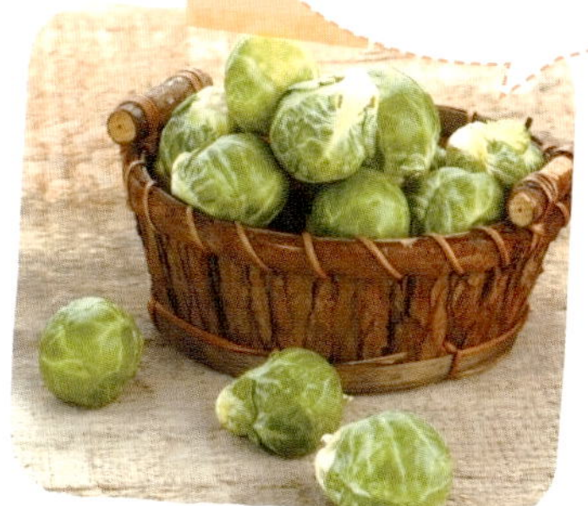

직접 슈를 만들어 봐요!

물 85g, 버터 42g, 박력분 55g, 설탕 10g, 소금 한 꼬집, 달걀 2개.

1. '버터＋물＋설탕＋소금'을 넣고 끓여 주세요.
2. 밀가루랑 베이킹파우더를 체에 쳐서 넣고 섞어 주세요.
3. 덩어리진 반죽에 달걀을 조금씩 섞어 주세요.
4. 오븐 팬 위에 100원 크기 정도로 짜 주고, 물을 뿌린 뒤 예열된 200°C 오븐에서 20분 동안 구워 주세요.

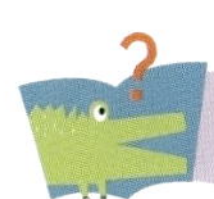

디저트는 어디서 시작되었을까요?

식사를 하고 뒤에 나오는 과자나 과일을 흔히 디저트(dessert)라고 하지요? 우리말의 후식에 해당하는데, 프랑스어로 '치우다'는 뜻에서 시작된 말이래요. 길고 여유로운 식사를 하기로 유명한 프랑스의 식탁에서 후식을 먹기 위해 이전의 음식을 식탁에서 치운 것에서 유래했다고 해요.

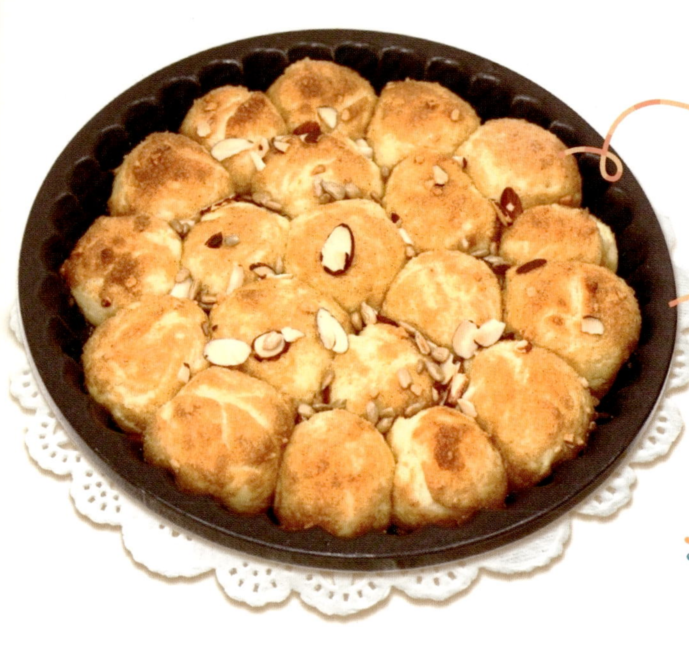

시나몬 꿀빵
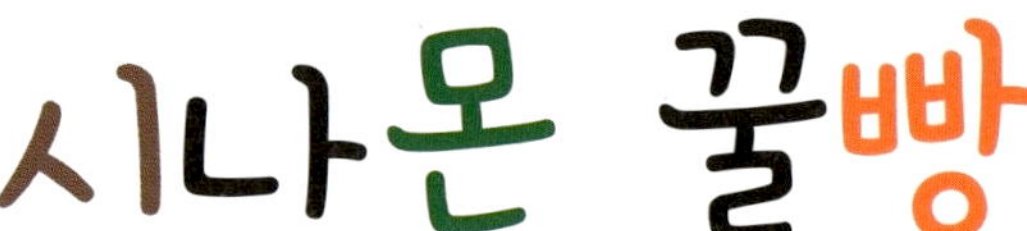

재료 빵 반죽(53쪽 참고) 200g, 설탕 3큰술, 버터·아몬드·땅콩가루 1큰술, 계피가루 1작은술

도구 믹싱 볼, 오븐 팬, 오븐, 오븐 장갑

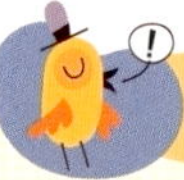  **순서대로 따라해 보아요.**

1 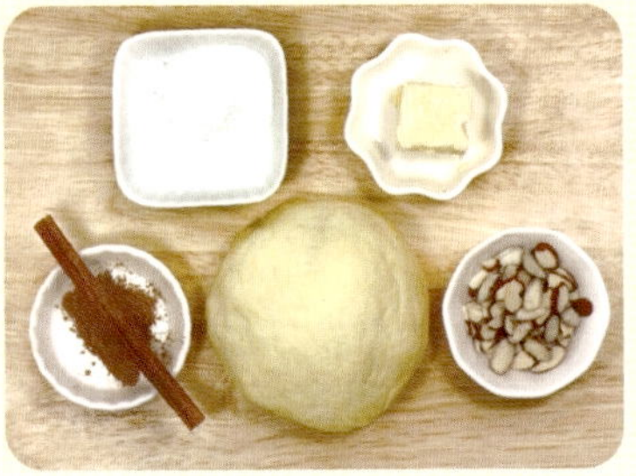
분량의 재료를 준비해 주세요.

2 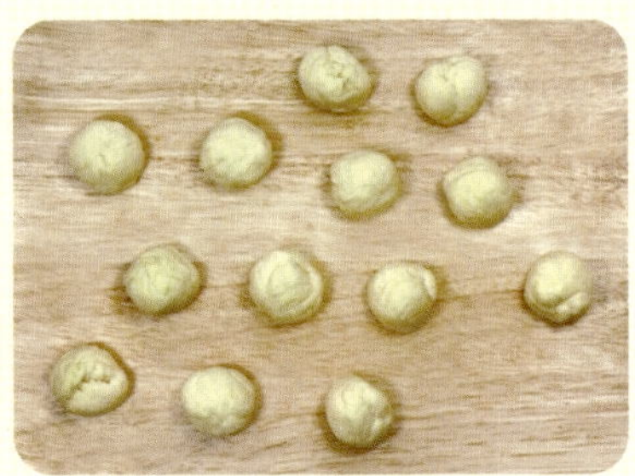
반죽을 같은 크기로 나누어 동글동글하게 빚어 주세요.

3 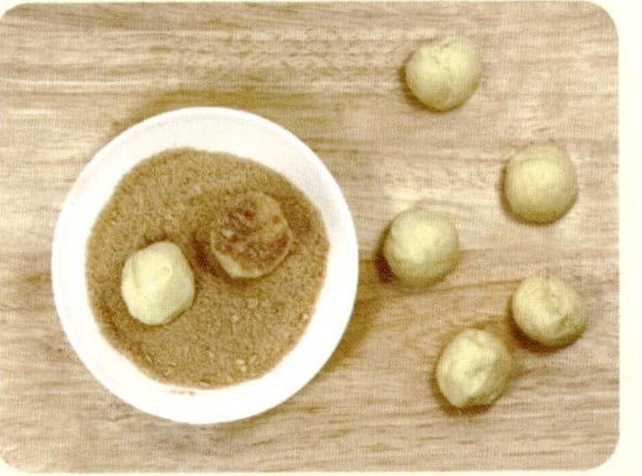
녹인 버터에 굴린 다음, 설탕과 계피가루를 묻혀 주세요.

4 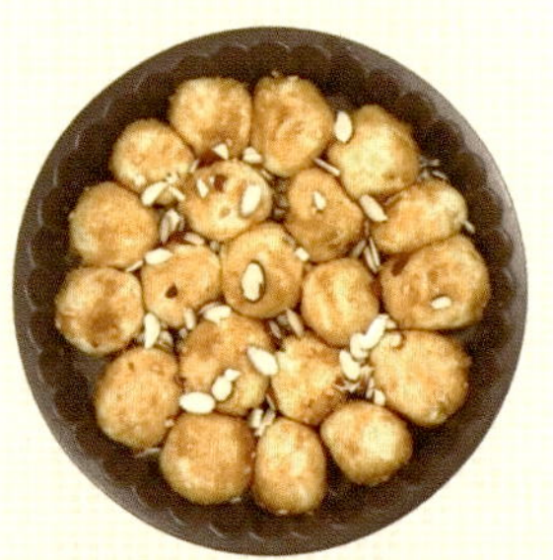
오븐 용기에 담아 아몬드를 뿌리고, 190℃ 오븐에서 15분 동안 구워 주세요.

향신료는 무엇인가요?

향신료는 식물의 열매나, 씨앗, 줄기, 뿌리, 꽃 등을 이용한 것으로, 음식의 맛과 향을 살려 식욕을 북돋아 주는 역할을 해요. 이러한 향신료들 중에는 음식을 쉽게 상하지 않도록 도와주거나 배탈이 나는 것을 방지하는 기능을 가진 것들도 있어요.

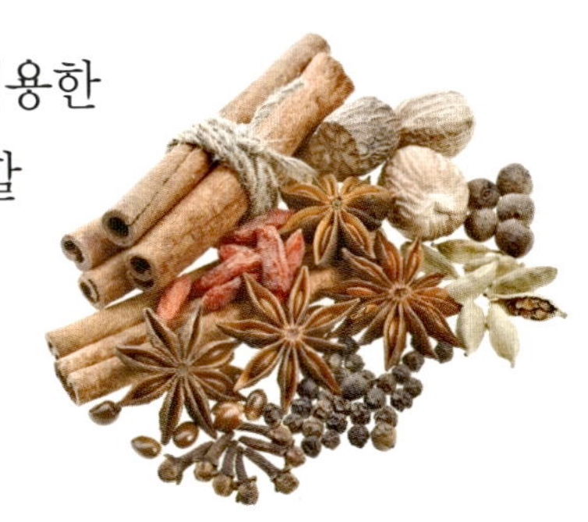

세계의 3대 향신료를 알아봐요.

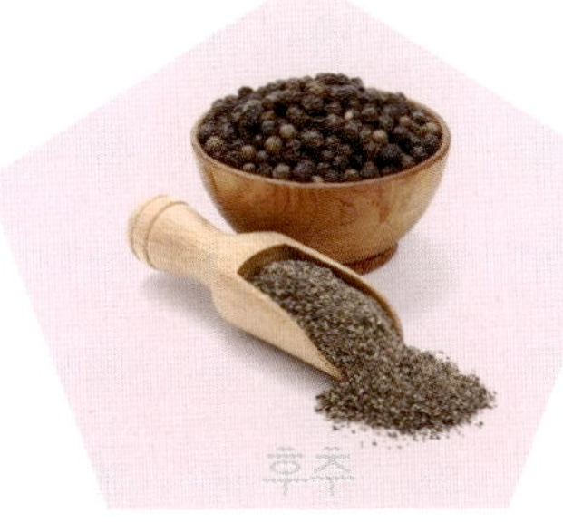
후추

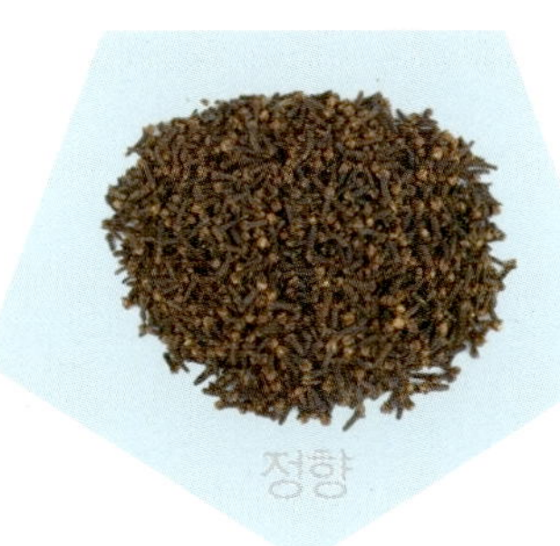
정향

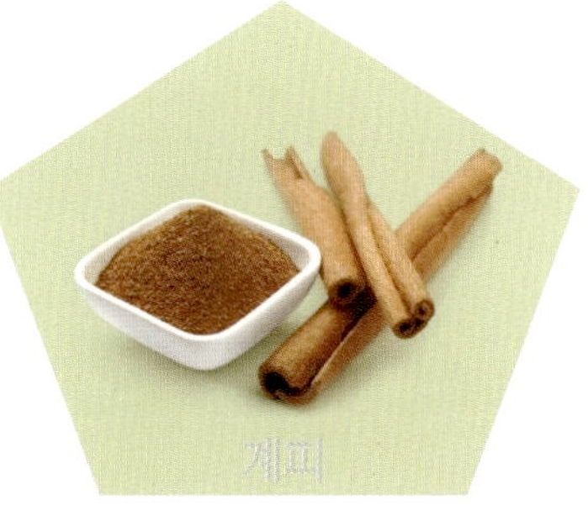
계피

계피를 이용한 음식을 알아봐요.

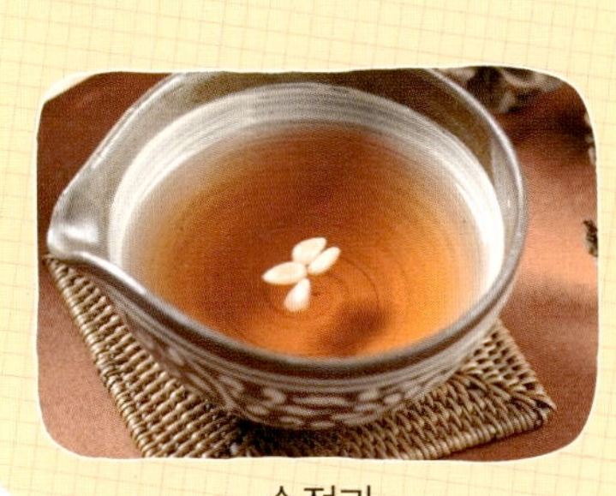
수정과

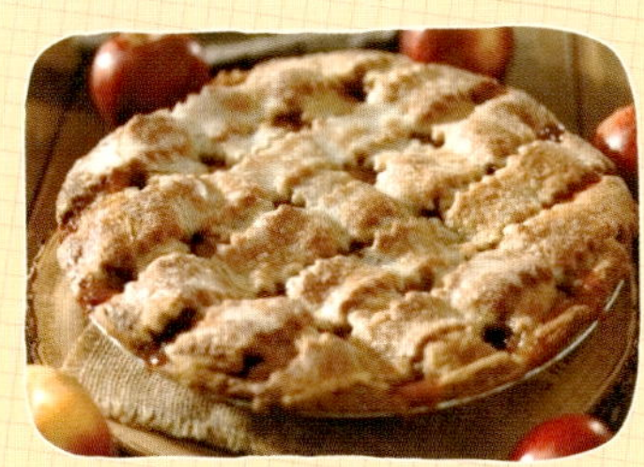
애플 시나몬 파이

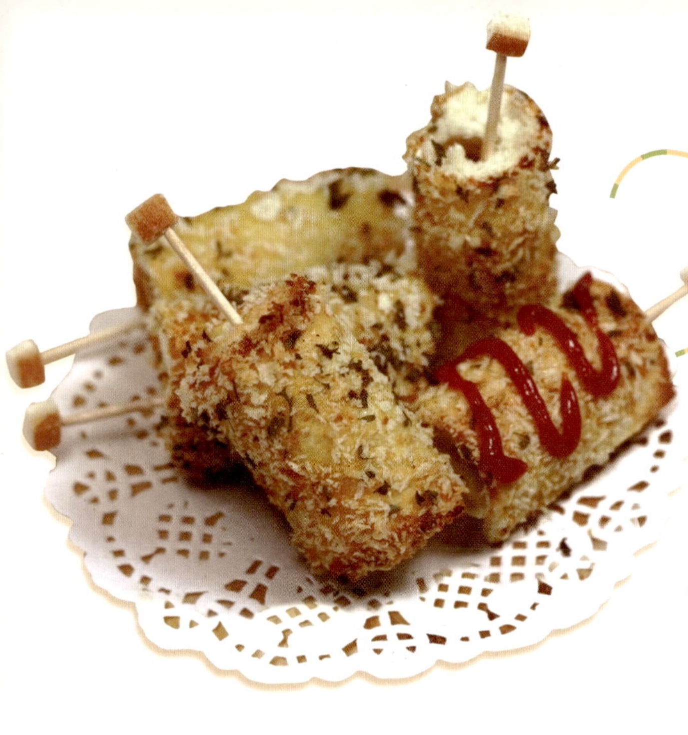

식빵 핫도그

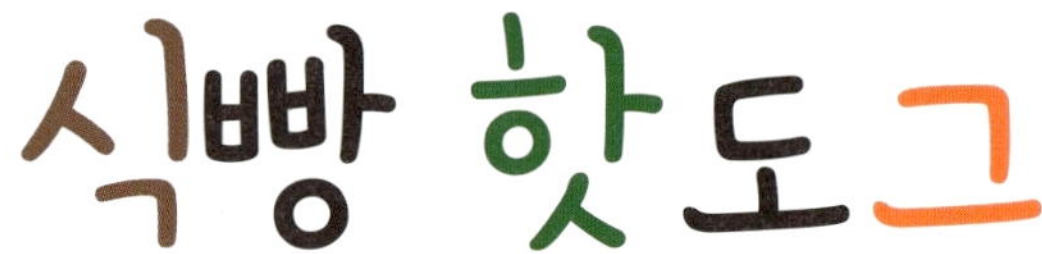

재료 식빵 4장, 비엔나소시지 8개, 달걀물,
파슬리·카레 가루 1큰술, 빵가루 1/2컵

도구 밀대, 이쑤시개, 요리 붓, 오븐 팬, 오븐, 오븐
장갑

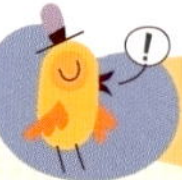

순서대로 따라해 보아요.

1

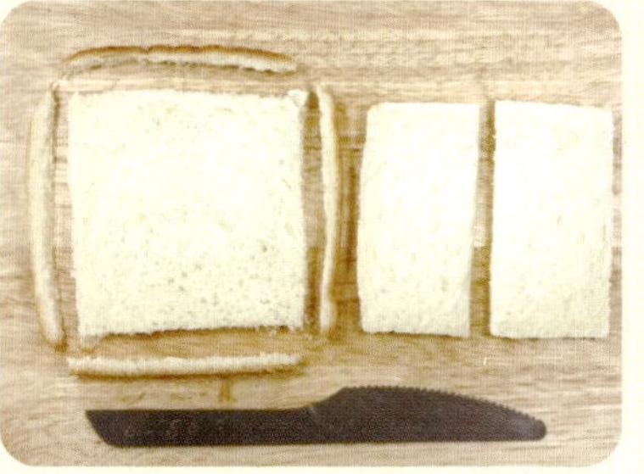

식빵 테두리는 잘라 내고, 식빵을 반으로
잘라 주세요.

2

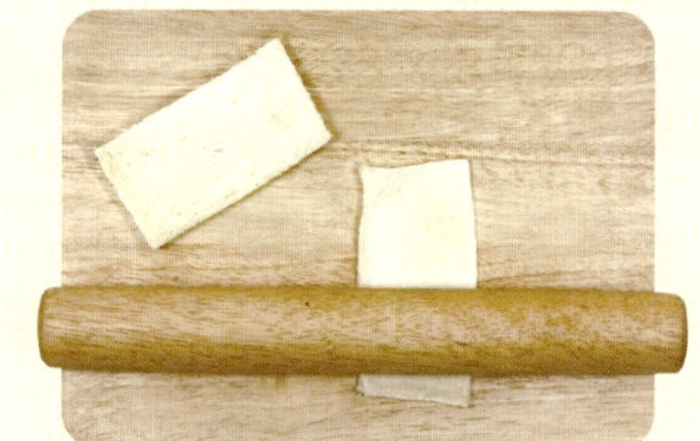

식빵을 밀대로 누르며 밀어 주세요.

3

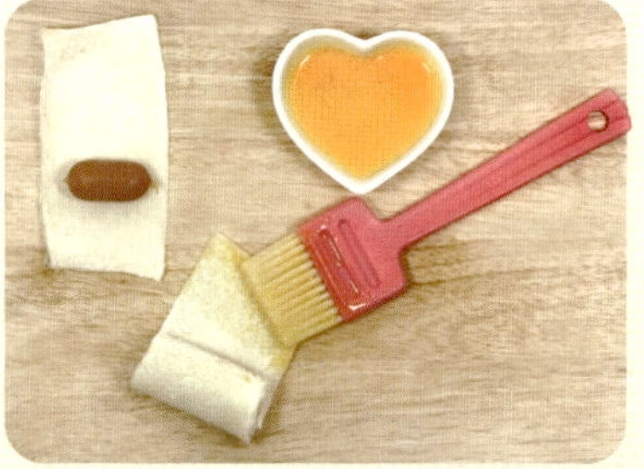

식빵에 비엔나소시지를 넣고 돌돌 만 뒤,
끝에는 달걀물을 발라 주세요.

4

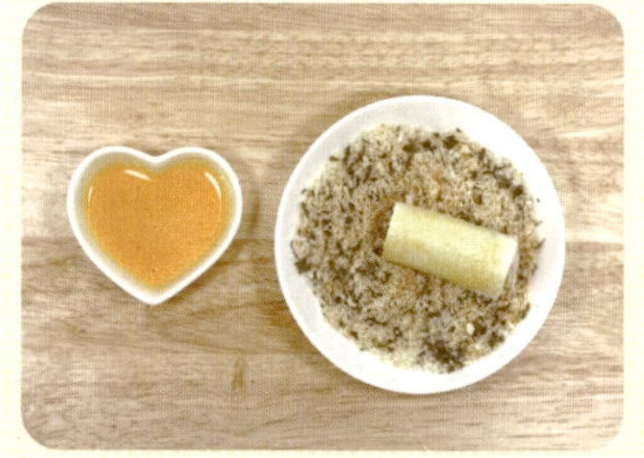

달걀물, 빵가루 순으로 묻혀 180℃ 오븐에
서 10분 동안 구워 주세요.

식재료는 어떻게 보관해야 하나요?

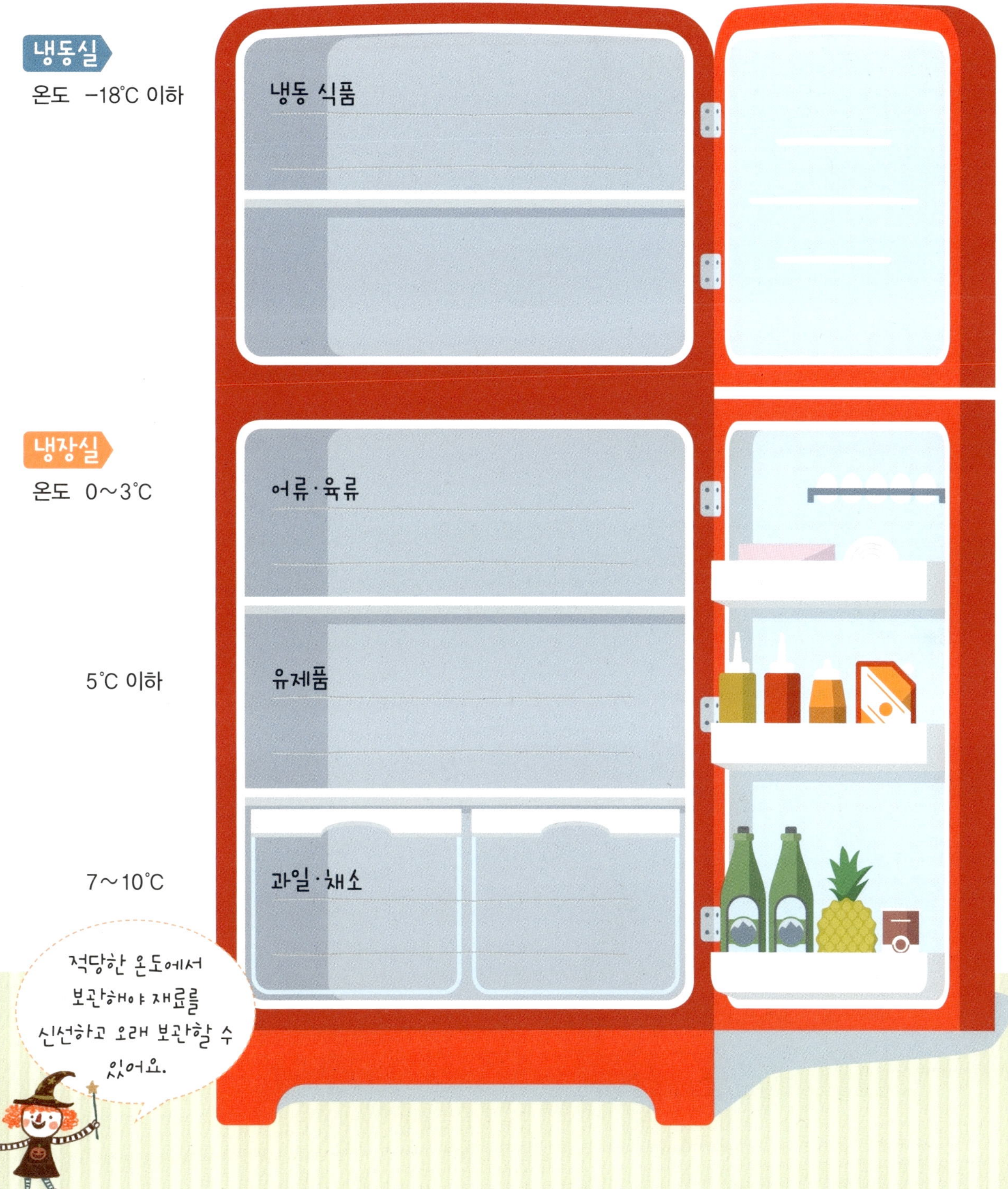

냉동실
온도 −18℃ 이하
냉동 식품

냉장실
온도 0~3℃
어류·육류
5℃ 이하
유제품
7~10℃
과일·채소

적당한 온도에서
보관해야 재료를
신선하고 오래 보관할 수
있어요.

아이싱 쿠키

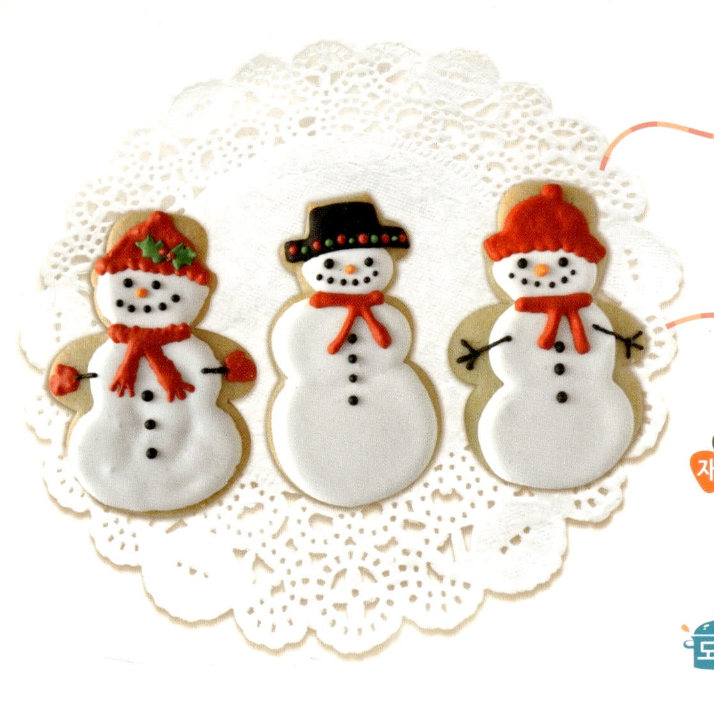

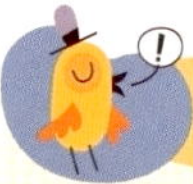 **재료** [쿠키 반죽] 박력분 250g, 버터 100g, 설탕 80g, 달걀 1개, 베이킹파우더·소금 1/2작은술

[아이싱] 달걀흰자·슈거파우더 20g, 식용 색소

도구 믹싱 볼, 거품기, 숟가락, 밀대, 모양 틀, 짜주머니, 오븐 팬, 오븐, 오븐 장갑

순서대로 따라해 보아요.

1
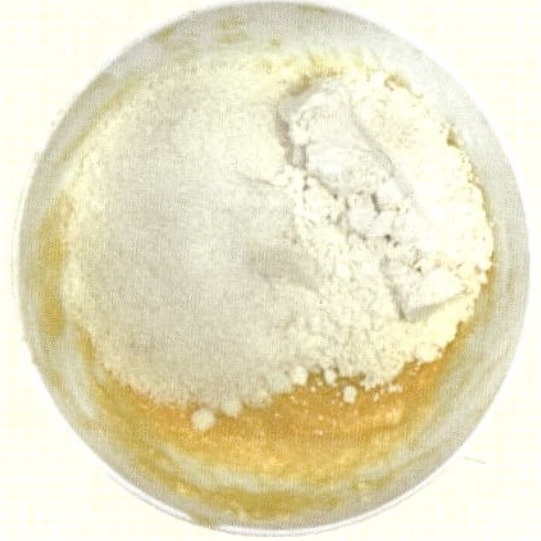
'버터-설탕-달걀-가루 재료' 순으로 넣어

쿠키 반죽을 만들어 주세요.

2

반죽을 밀대로 밀어 여러 가지 모양 틀로

찍어 주세요.

3
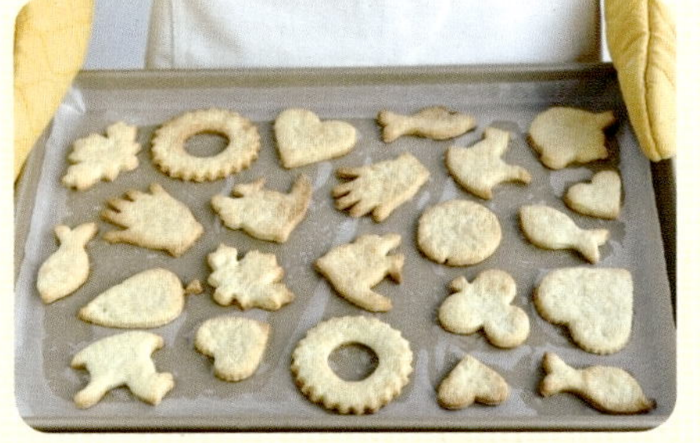
예열된 180℃ 오븐에서 15분 동안 구워

식혀 주세요.

4

식은 쿠키 윗면을 아이싱으로 예쁘게

장식해 주세요.

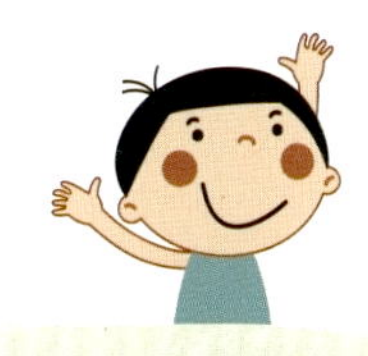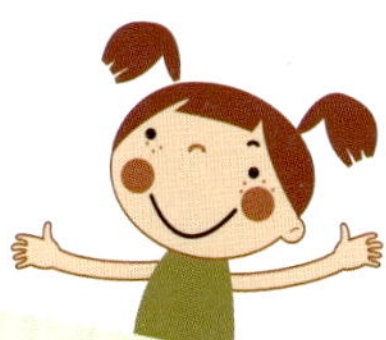

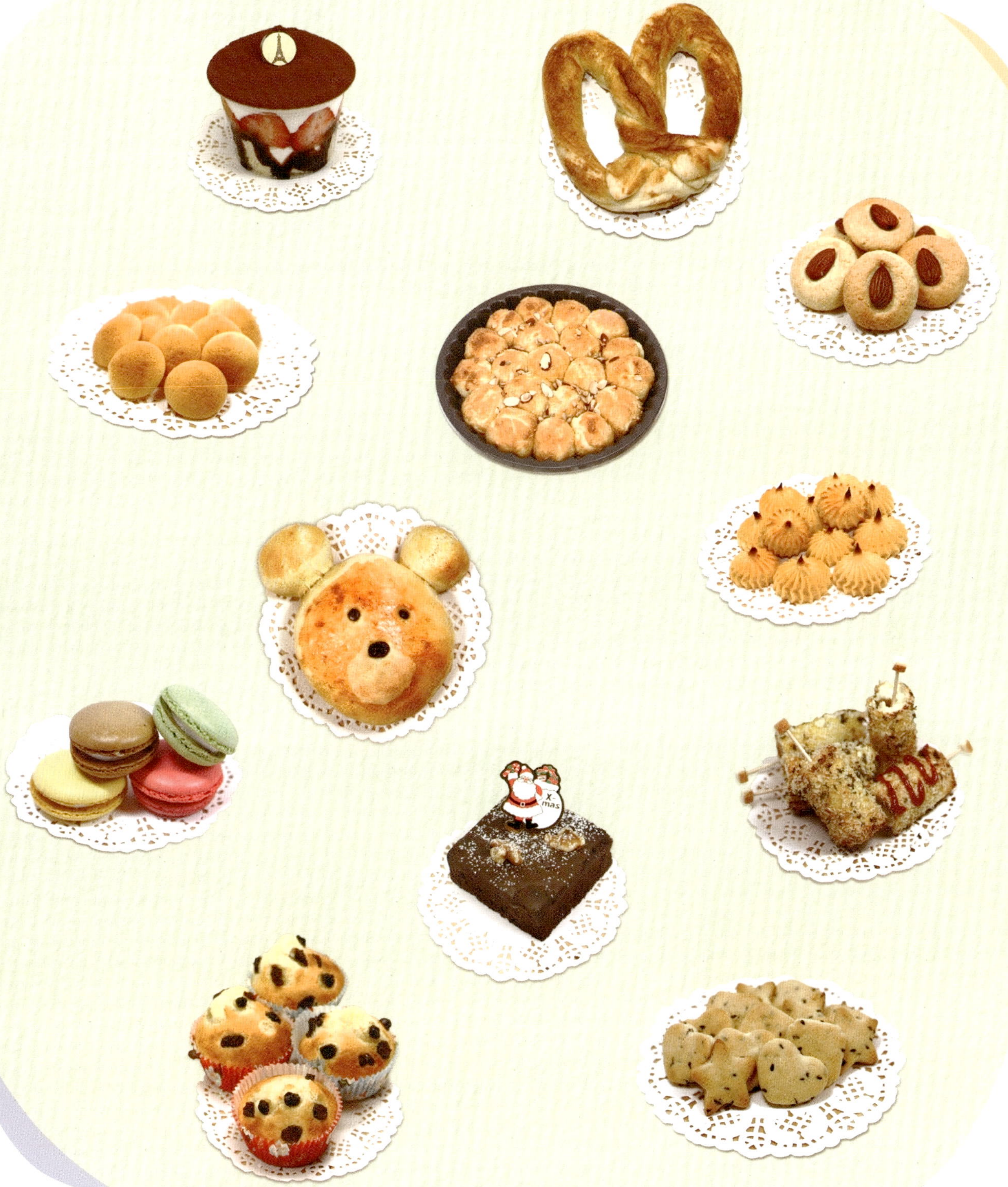

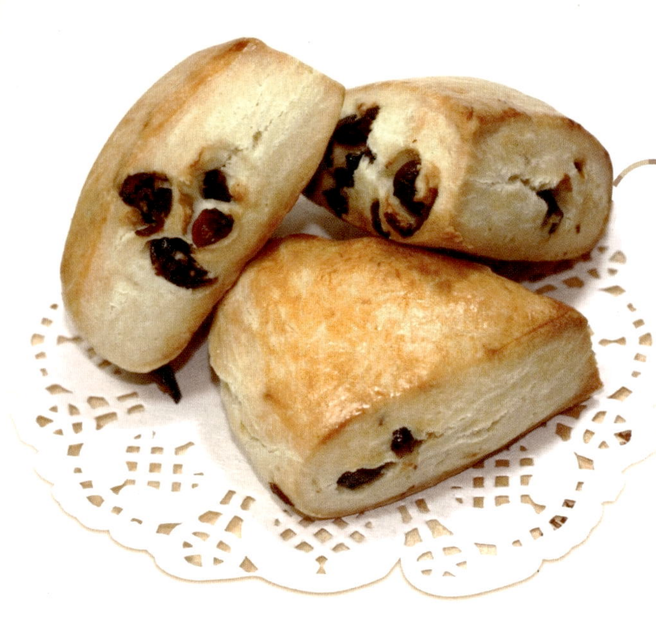

스콘

박력분 200g, 버터 60g, 플레인 요거트·우유 50g, 크랜베리 3큰술, 베이킹파우더 1작은술, 소금 1/2작은술

믹싱 볼, 요리 붓, 오븐 팬, 오븐, 오븐 장갑

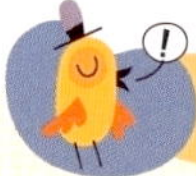

순서대로 따라해 보아요.

1 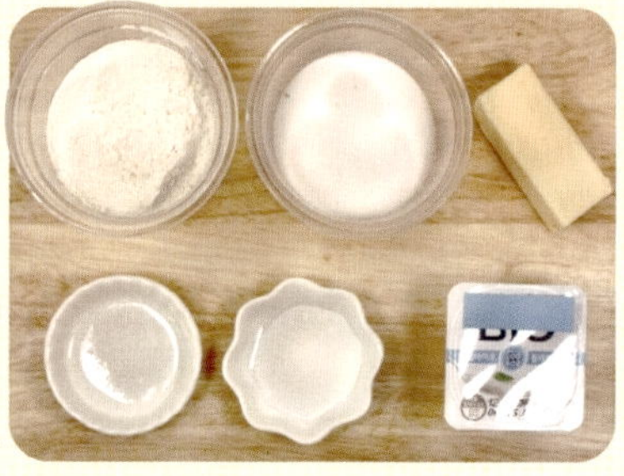

분량의 재료를 준비한 후, 가루 재료부터 섞어 주세요.

2 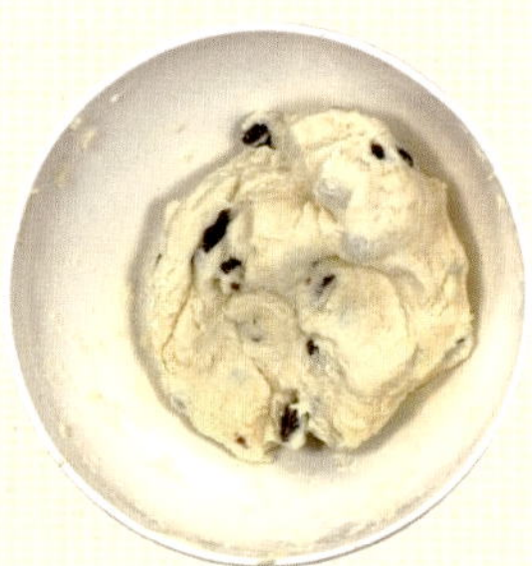

버터를 넣고 비빈 후, 우유와 요거트, 크랜베리를 넣어 잘 섞어 주세요.

3 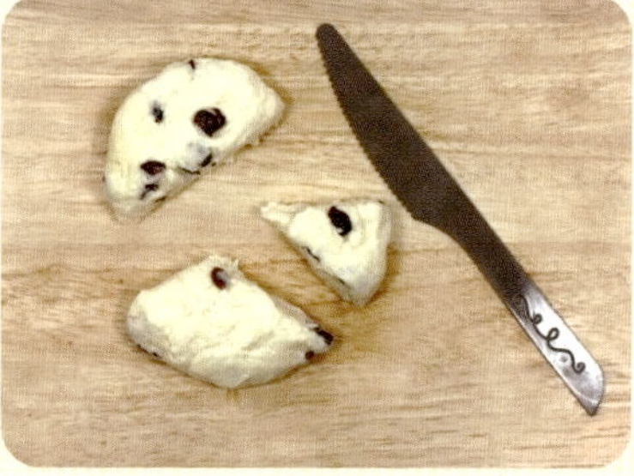

완성된 스콘 반죽을 납작하게 만들어 등분하여 잘라 주세요.

4 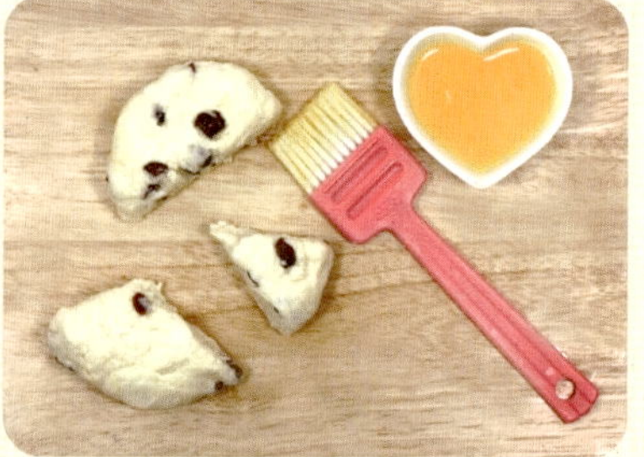

달걀물을 바르고 180℃ 오븐에서 20분 동안 구워 주세요.

요거트는 어떻게 만드나요?

요거트(yogurt, 요구르트)는 우유를 몸에 좋은 미생물인 유산균으로 발효시켜 만든 것이에요. 소화가 잘되고, 장에 매우 좋답니다.

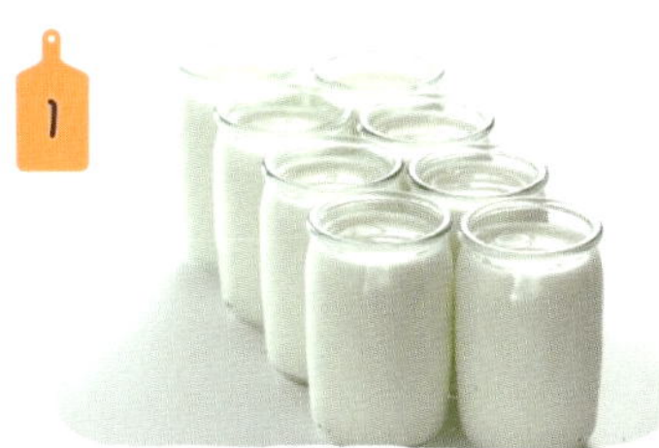

우유를 미지근하게 데운다.

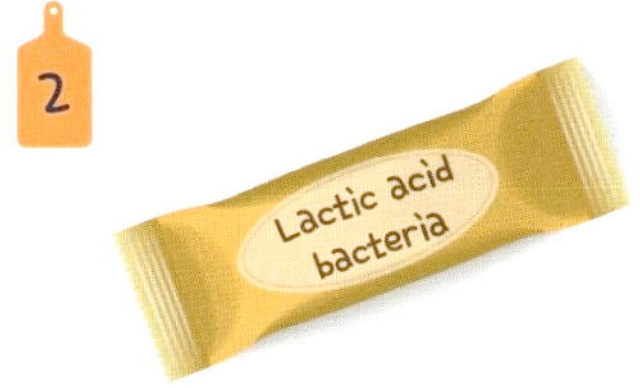

유산균을 넣어 준다.

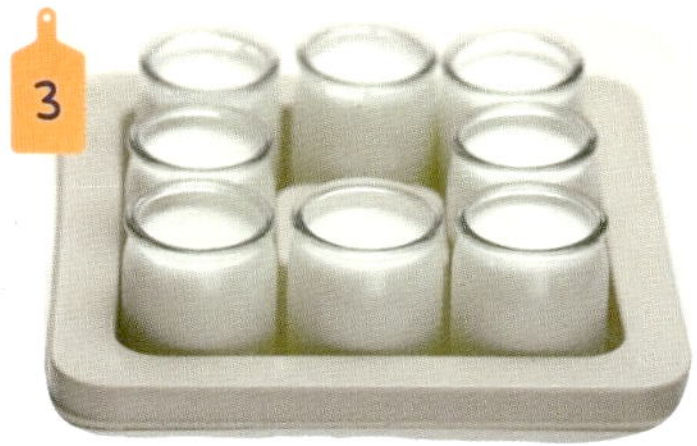

미지근한 온도를 유지하며 보온해 준다.

발효와 부패의 차이를 알아봐요.

구분	발효	부패
공통점	효모나 세균 등의 미생물이 유기물을 분해시키는 작용을 말해요.	
차이점	유익한 균들이 많아 먹으면 우리 몸이 건강해져요.	해로운 균들이 많아 음식을 상하게 해 먹으면 배가 아프고 열이 나요.
해당 음식	김치 / 된장 / 치즈	곰팡이 생긴 빵 / 상한 우유

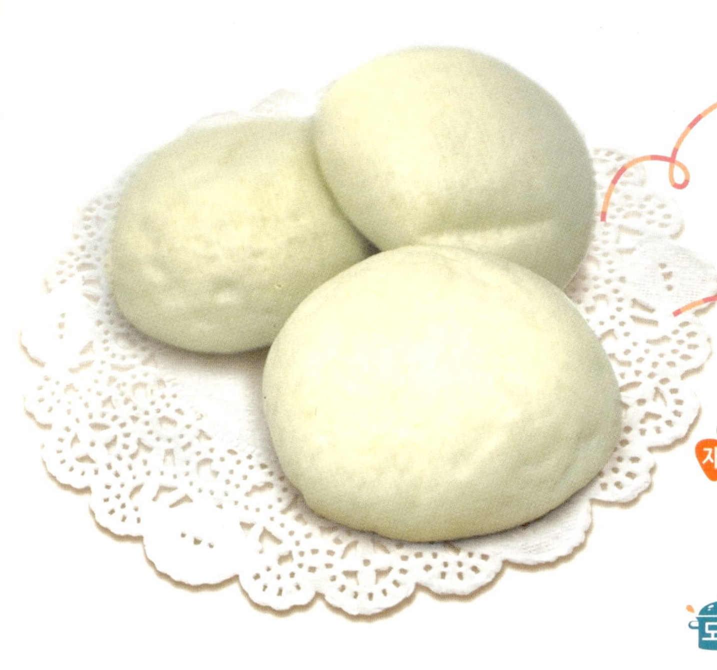

찐빵

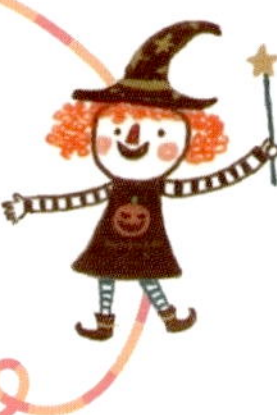

재료 [반죽] 중력분 200g, 우유 1/2컵, 설탕·식용유 1큰술, 이스트 1작은술, 소금 1/2작은술
팥 앙금 200g

도구 도마, 채반, 찜기

 **순서대로 따라해 보아요.**

1
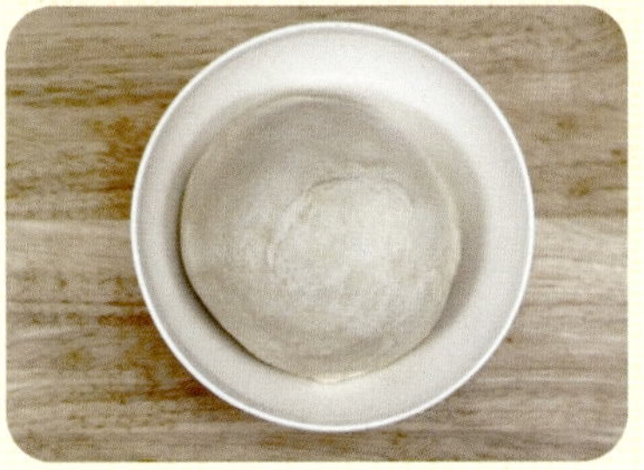
찐빵 반죽을 따뜻한 곳에서 2배로 부풀

때까지 발효시켜 주세요.

2
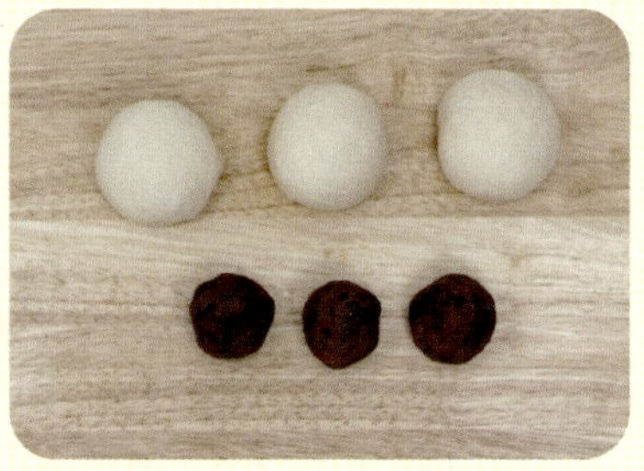
반죽과 팥을 등분하여 둥글게 만들어

주세요.

3
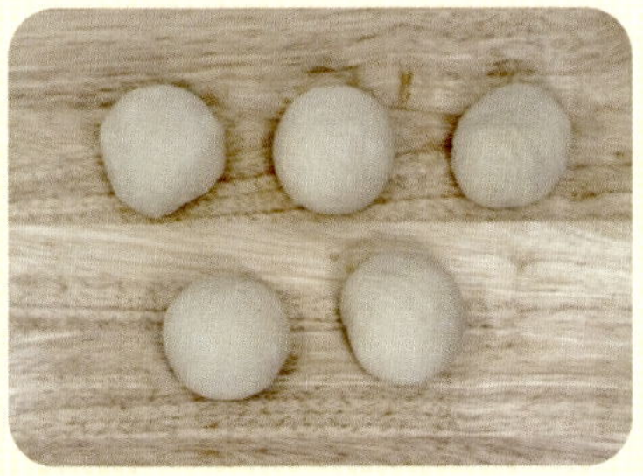
반죽 안에 팥 앙금을 넣고 잘 감싸 주세요.

4
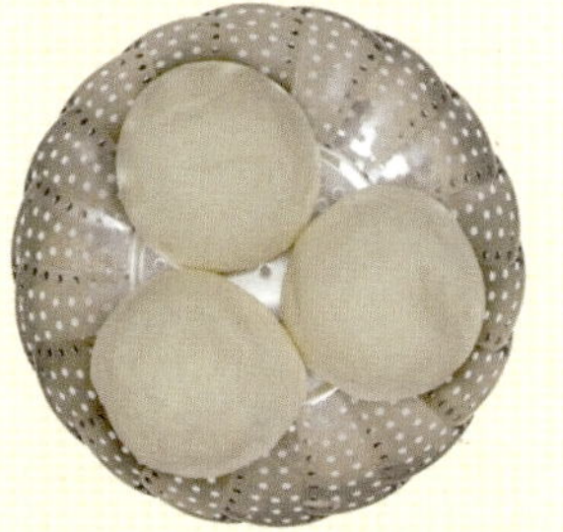
팥 앙금을 넣은 반죽을 찜기에서 10분

동안 쪄 주세요.

◎ **습식 가열** 물을 사용하여 가열하는 방법
- 끓이기 : 국, 찌개와 같이 물에 직접 넣고 끓여요.
- 데치기 : 주로 채소나 해산물을 끓는 물에 살짝 넣어 익혀요.
- 찌기 : 떡이나 만두와 같이 채반을 놓고, 물이 끓으면서 내는 증기로 익혀요.

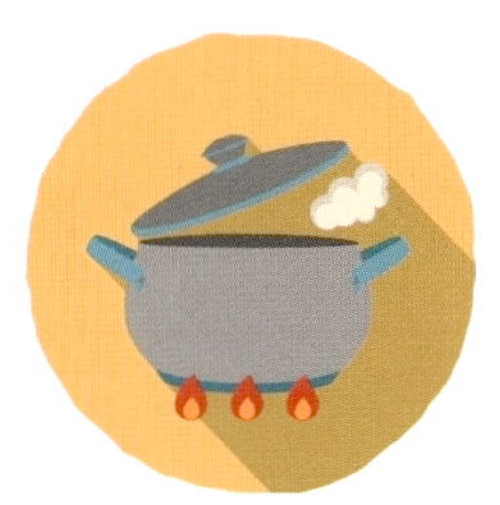

◎ **건식 가열** 물을 사용하지 않고 가열하는 방법
- 굽기, 구이 : 고기나 생선과 같이 수분을 증발시켜 익혀요.
- 튀기기 : 기름이 음식에 흡수되어 물과 기름이 교환하면서 재료를 익혀요.
- 볶기 : 적은 양의 기름을 넣고 볶아 내는 것이에요.

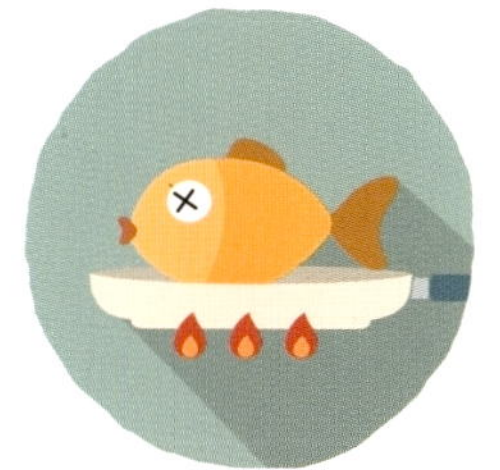

◎ **전자레인지 가열** 마이크로파의 진동으로 인한 발열 현상으로 식품을 익히는 것이에요.

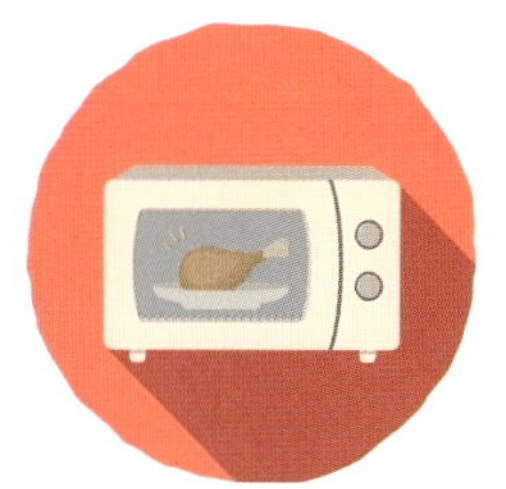

다음 요리에 사용된 조리법을 모두 적어 볼까요?

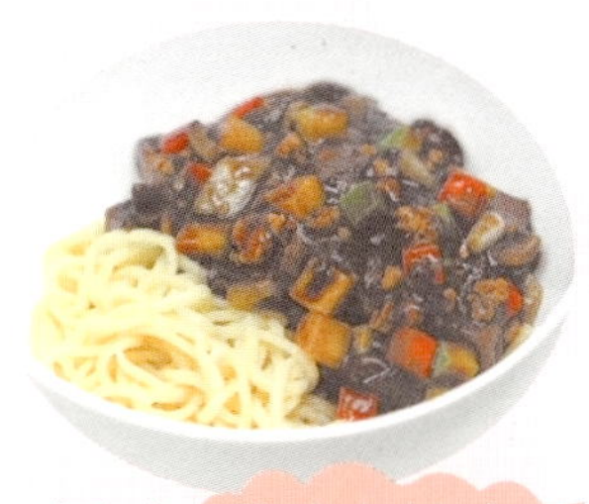

짜장면 　끓이기, 볶기

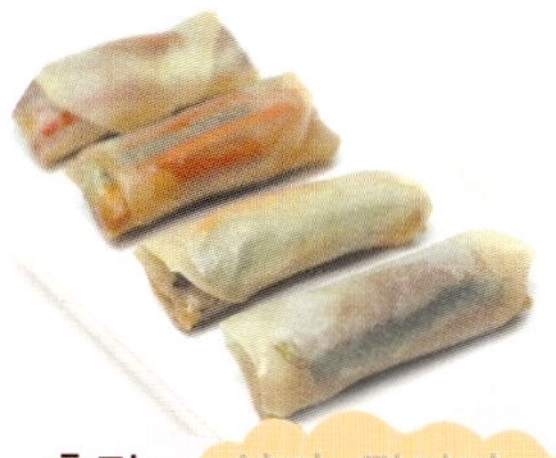

춘권 　삶기, 튀기기

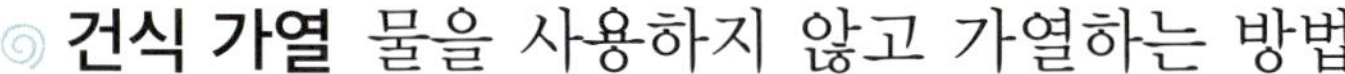

당근 머핀 　굽기

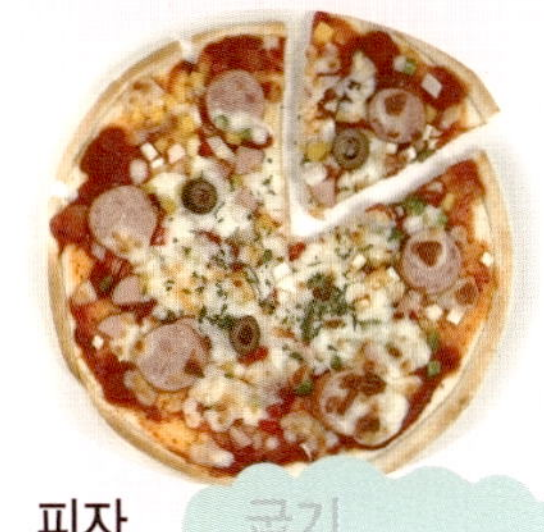

피자 　굽기

비빔밥 　데치기, 볶기

찐빵 　찌기

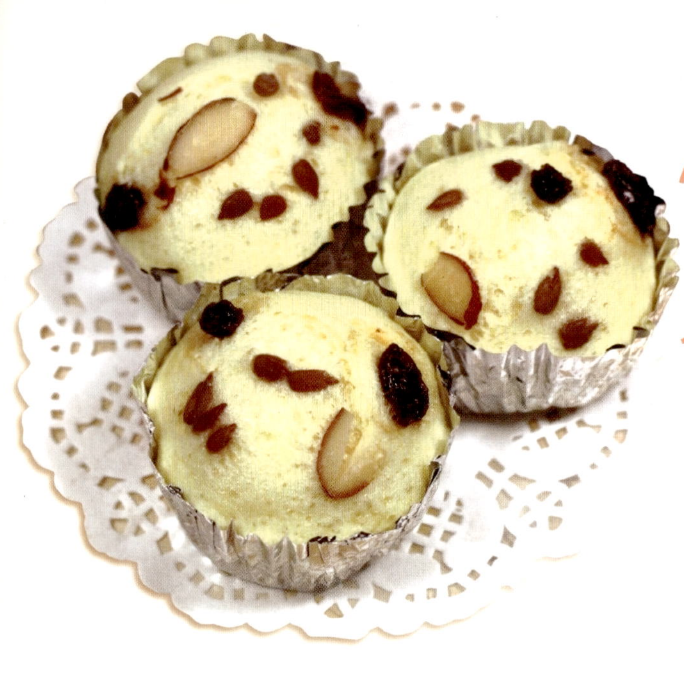

찜 케이크

재료 [반죽] 핫케이크 가루 2컵, 우유 200g, 달걀 1개
[토핑] 아몬드·건포도·해바라기씨 20g

도구 믹싱 볼, 거품기, 숟가락, 머핀 컵, 찜통

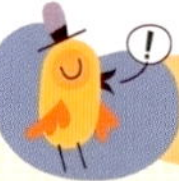  **순서대로 따라해 보아요.**

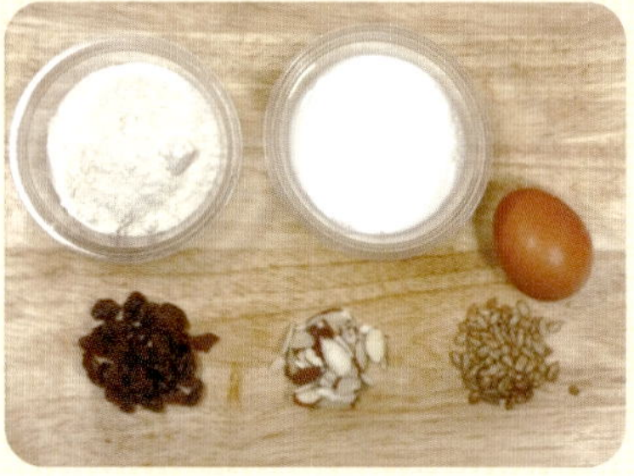

분량의 재료를 준비해 주세요.

 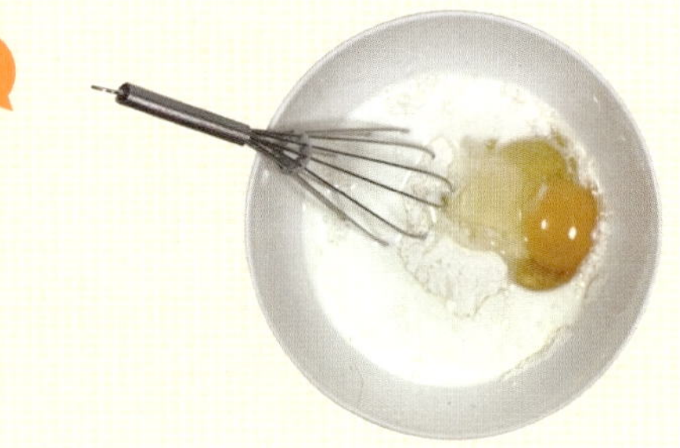

핫케이크 가루에 우유와 달걀을 넣어

반죽을 만들어 주세요.

 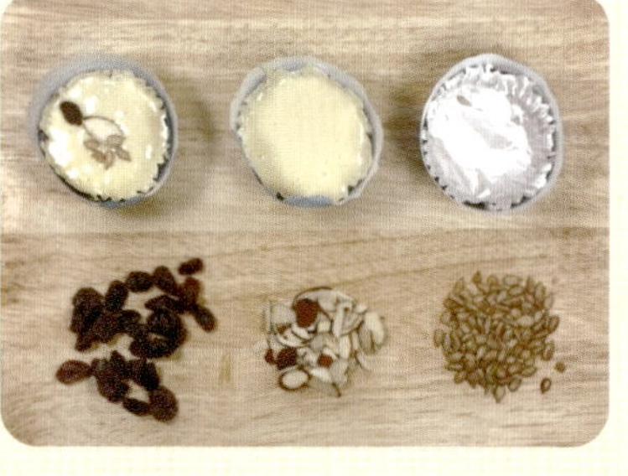

머핀 컵에 반죽을 1/2만 담아 주세요.

 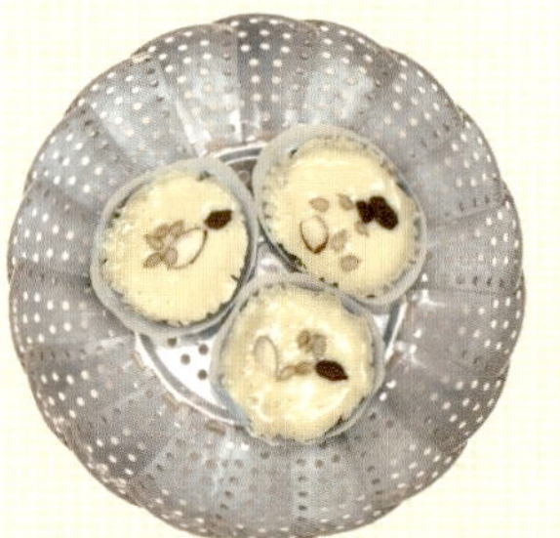

토핑 재료를 반죽에 올리고, 찜통에서

10동안 쪄 주세요.

찜이란 무엇인가요?

"찜"이란 약간의 물과 함께 오래 끓이거나, 뜨거운 수증기를 이용해 음식을 익히는 조리 방법이에요.

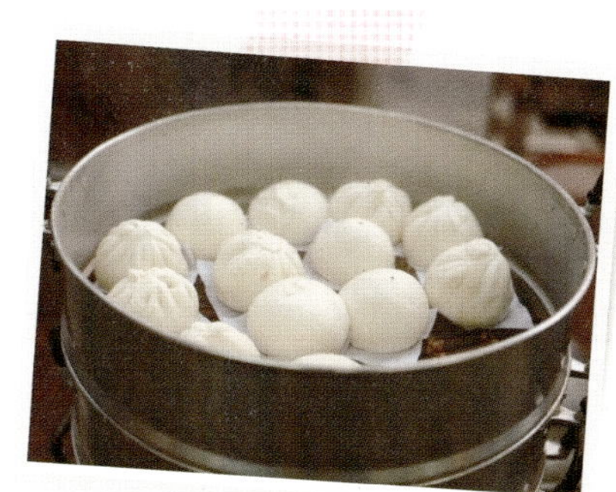

찜의 원리를 알아봐요.

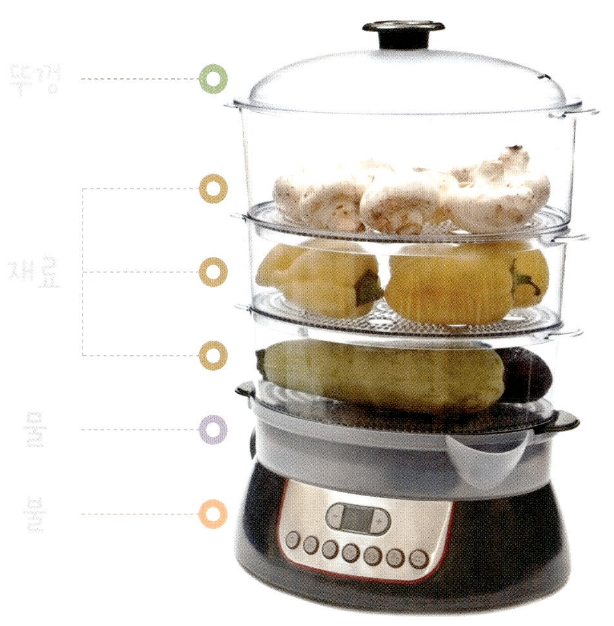

재료를 물속에 담근 채로 익히거나, 재료 속에 포함된 자체의 수분을 이용해요.

전기나 불을 이용하여 재료 속에 있는 수분이나, 재료가 담겨 있는 물을 가열해요.

찜 요리할 때의 주의할 점을 알아봐요.

◎ 반드시 아랫부분에 있는 물이 끓을 때 위의 음식을 올려 주세요.(물이 끓지 않을 때 음식을 올리면 제대로 조리되지 않아요.)

◎ 냄비의 아랫부분에 물이 끓고 있으니, 음식을 올릴 때나 내릴 때 항상 조심하도록 합니다.

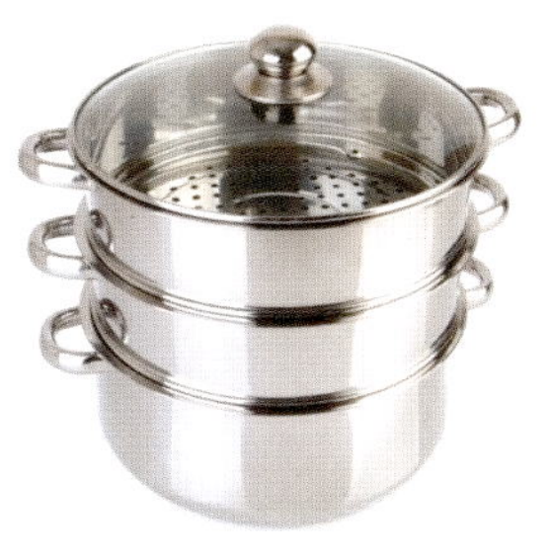

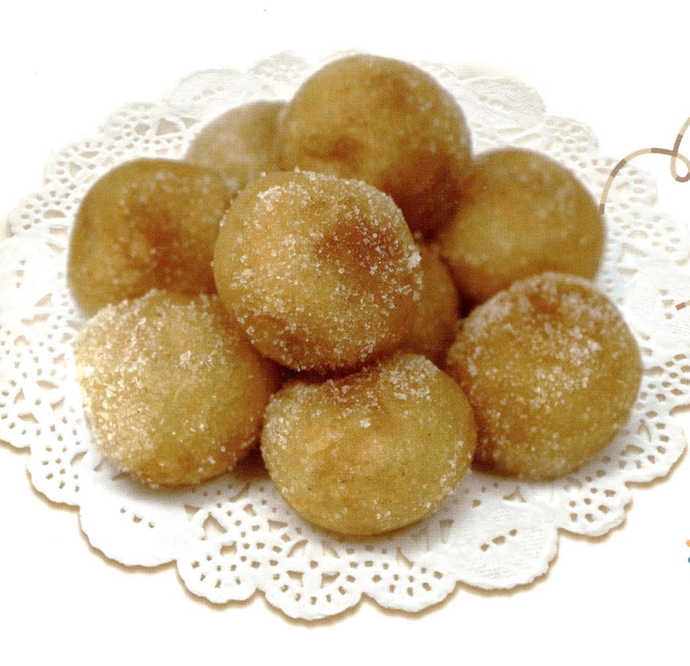

찹쌀 도넛

순서대로 따라해 보아요.

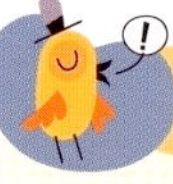 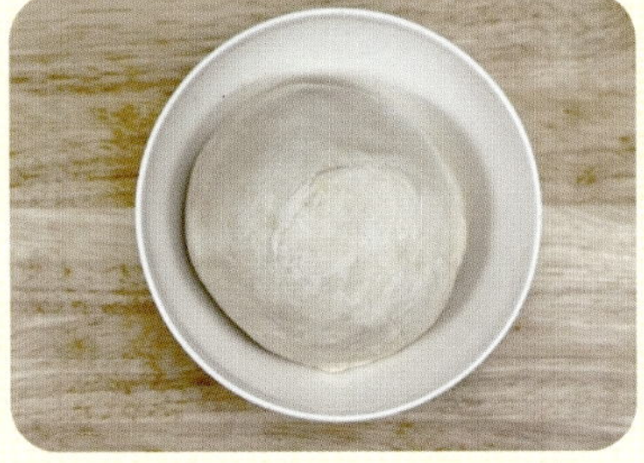

1. 찹쌀가루와 다른 재료들을 넣어 반죽해 주세요.

2. 반죽을 등분하여 동글동글하게 빚어 주세요.

 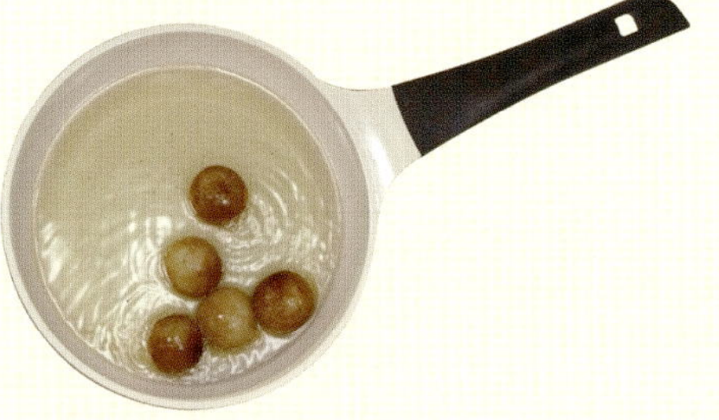 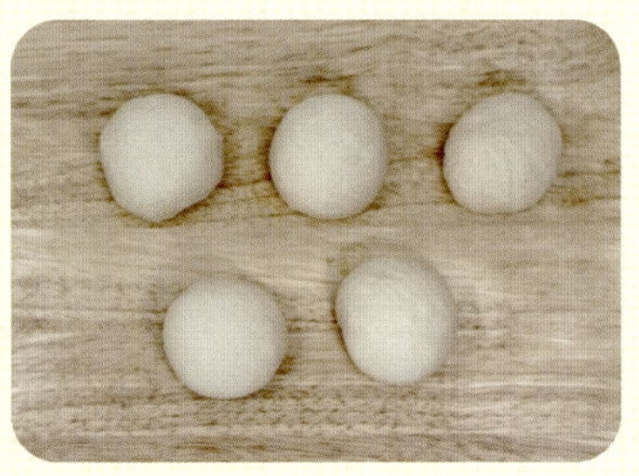 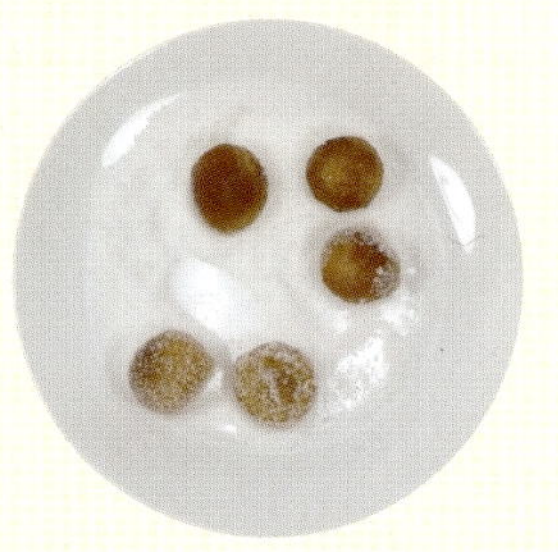

3. 팬에 기름을 넉넉하게 두르고, 달구어지면 도넛 반죽을 튀겨 주세요.

4. 튀겨진 도넛에 설탕을 고르게 묻혀 주세요.

빵과 과자는 어떻게 부풀까요?

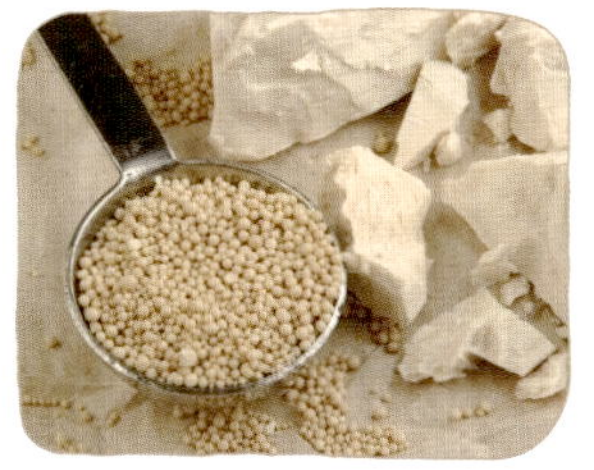

이스트

알코올 발효가 일어날 때 많은 양의 이산화탄소를 발생시켜 빵을 부풀게 하고 숙성시키는 작용을 해 줘요.

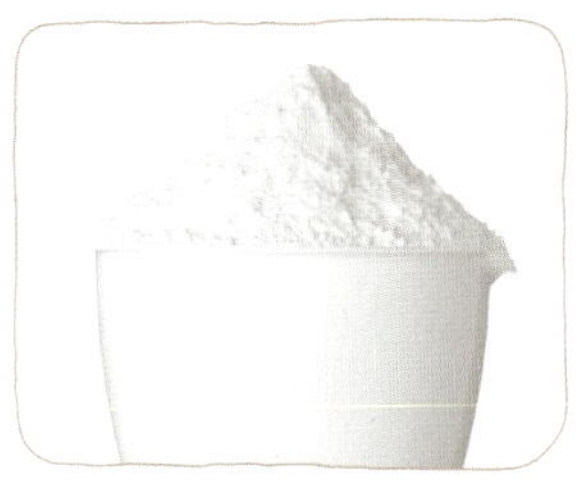

베이킹파우더

화학적 팽창제의 한 종류로, 중탄산나트륨의 단점을 보완하기 위해 중탄산나트륨과 한 종류 이상의 산염 또는 산 생성 물질과 녹말(전분) 을 혼합한 물질이에요.

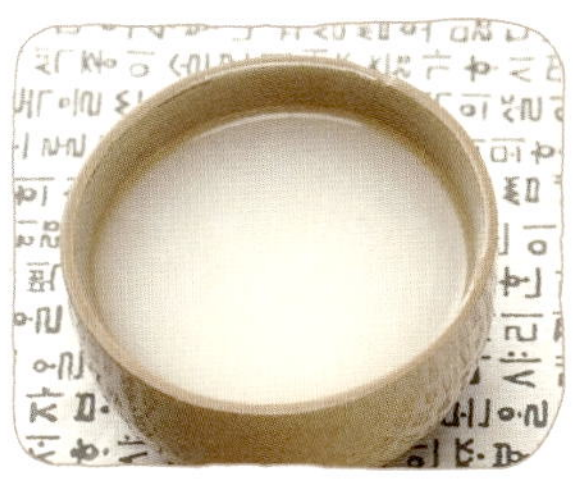

자연 발효 막걸리

빵을 부풀리는 효모 대신 막걸리를 넣으면, 그 역할을 대신할 수 있어요. 빵을 찌거나 구우면 알코올 성분은 증발하여 없어지고, 냄새만 남는 것이지요.

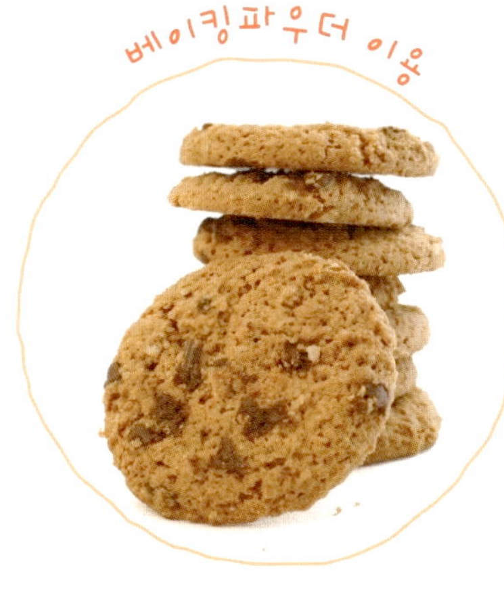

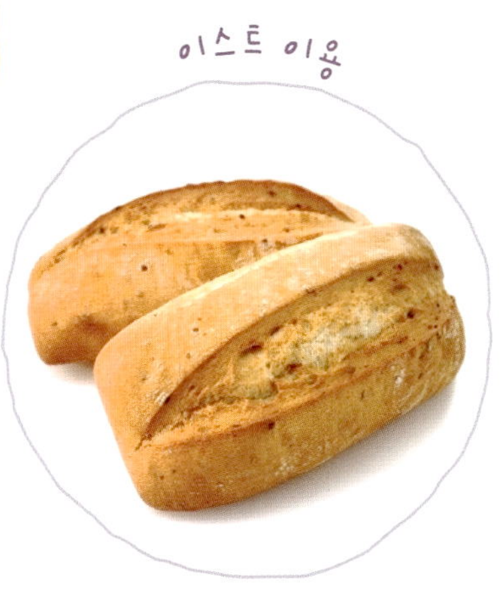

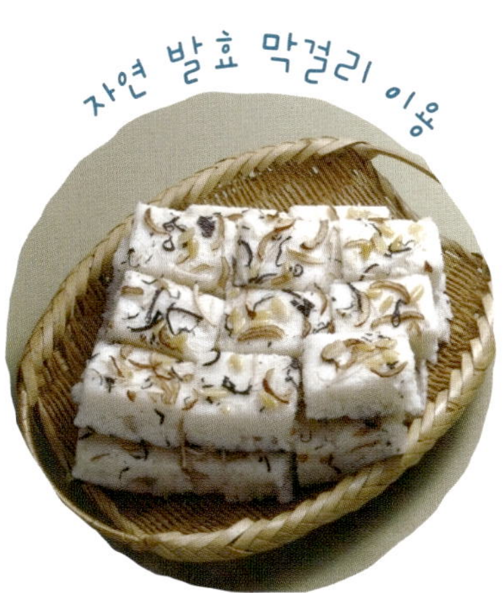

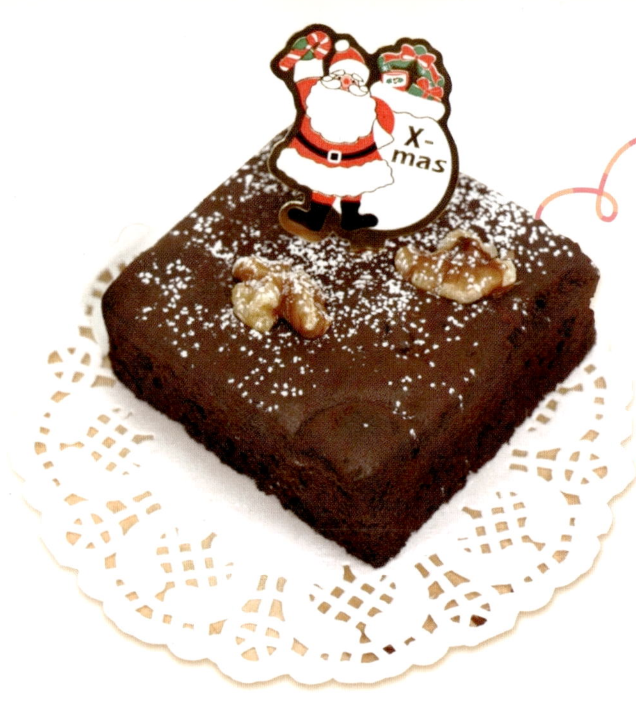

초콜릿 브라우니

재료 버터·초콜릿 120g, 설탕 140g, 달걀 3개, 박력분 50g, 코코아 가루 30g, 초콜릿 칩·호두 2큰술, 베이킹파우더 1/2작은술, 소금 약간

도구 믹싱 볼, 거품기, 숟가락, 전자레인지용 틀

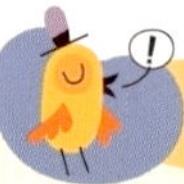

순서대로 따라해 보아요.

1

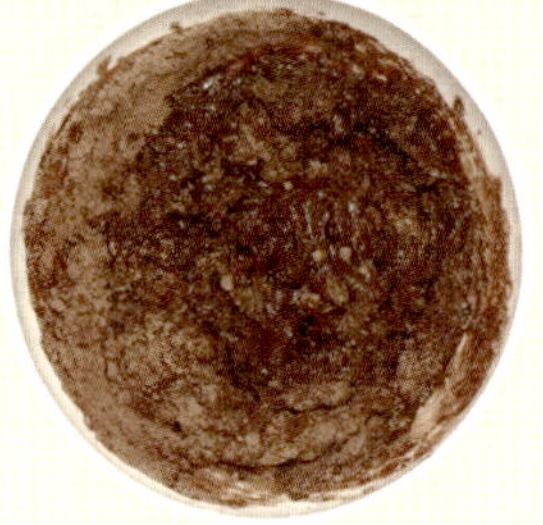

녹인 버터와 녹인 초콜릿을 섞은 다음,

달걀과 가루 재료를 넣고 반죽해 주세요.

2

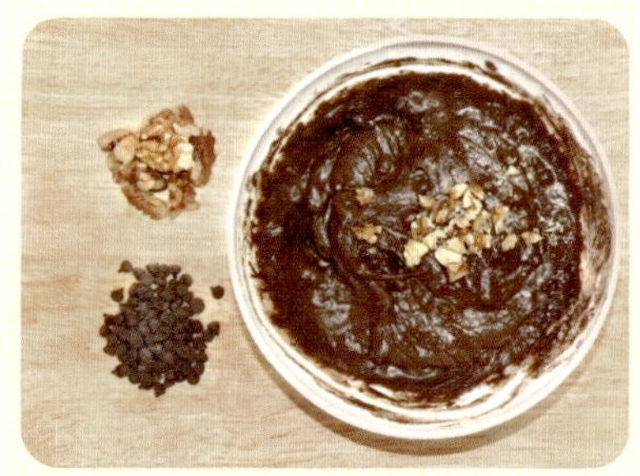

반죽에 초콜릿 칩과 호두를 넣고 잘 섞어

주세요.

3

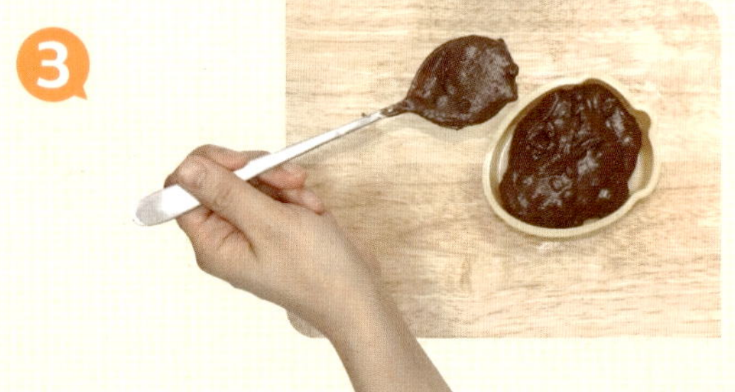

틀의 1/2 정도로 반죽을 담고 토핑해

주세요.

4

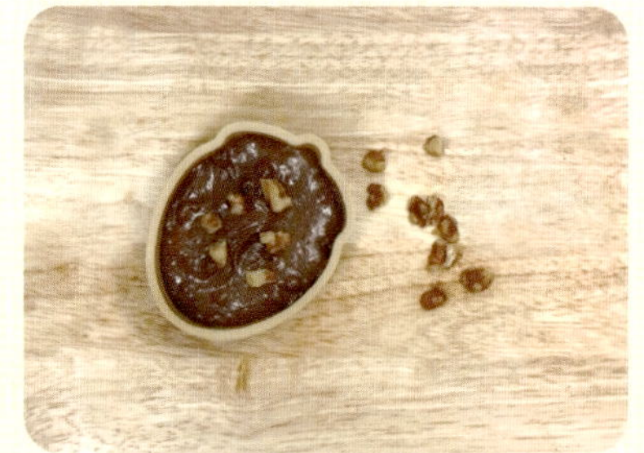

전자레인지에 4분(오븐은 180℃ 15분)

동안 돌려 완성해 주세요.

전자레인지는 전극과 같은 역할을 하는 파장이 아주 짧은 전자파(마이크로파)의 영향을 이용하는 조리 기구예요. 이 전자파에 의해 음식 속의 분자가 충돌하며 열을 발생하여 음식을 데우거나 익혀 줘요.

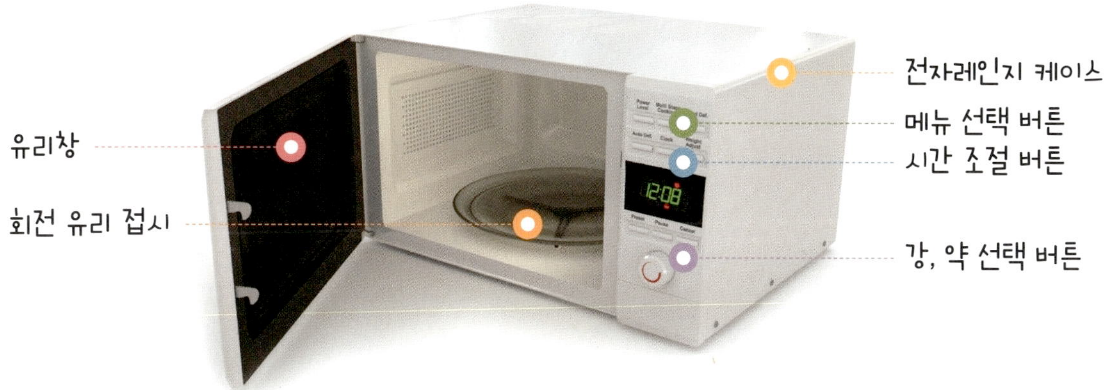

◎ 시간 조절 버튼 : 음식에 따라 조리 시간을 조절해요.

◎ 메뉴 선택 버튼 : 메뉴를 선택하면, 시간과 강도가 조절돼요.

◎ 강, 약 선택 버튼 : 음식에 따라 조리 세기를 조절할 수 있어요.

◎ 회전 유리 접시 : 전자파가 음식에 골고루 전달되도록 조리할 때 돌아가요.

◎ 유리창 : 전자파가 밖으로 새어 나가지 못하도록, 그물망이 막아 줘요.

◎ 전자레인지 케이스 : 전자파를 가두기 위해 금속 재질로 되어 있어요.

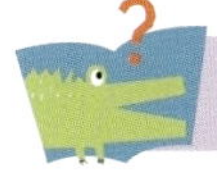

◎ 유리나 도자기, 종이 그릇 또는 전자레인지 전용 그릇을 사용해야 해요.

◎ 금속으로 된 그릇은 전자파가 반사되어 음식을 데울 수 없어요.

◎ 전자파는 물 분자에 흡수되어 음식을 데우는 것이므로, 수분이 없는 음식은 조리할 수 없어요.

◎ 전자레인지에서 음식이 조리되는 동안은 적당한 거리를 유지해야 해요.

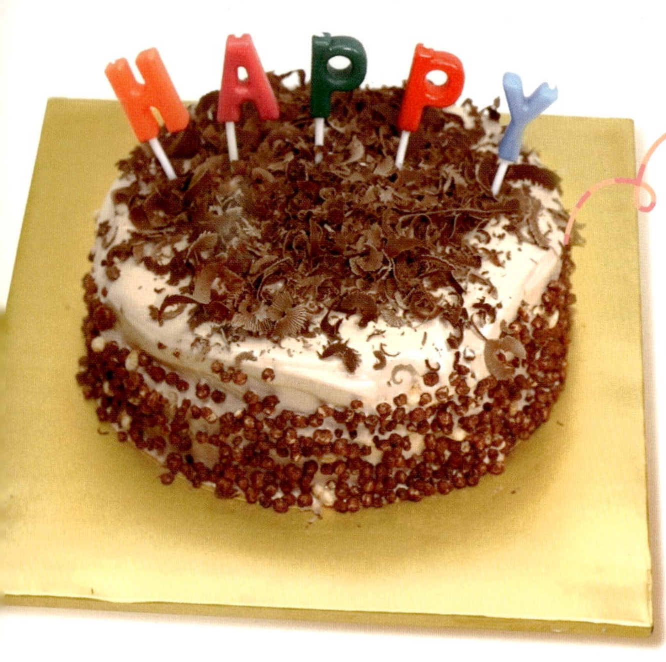

초콜릿 케이크

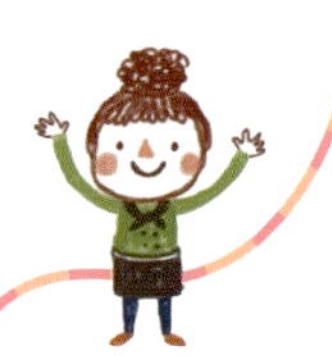

케이크 시트 1개, 생크림 1컵, 초콜릿 크런치 3큰술, 과일 통조림·초콜릿 시럽 2큰술, 초콜릿 1덩이

믹싱 볼, 거품기, 빵 칼, 강판, 돌림판

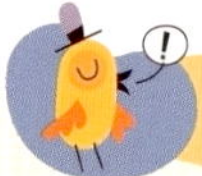 **순서대로 따라해 보아요.**

1

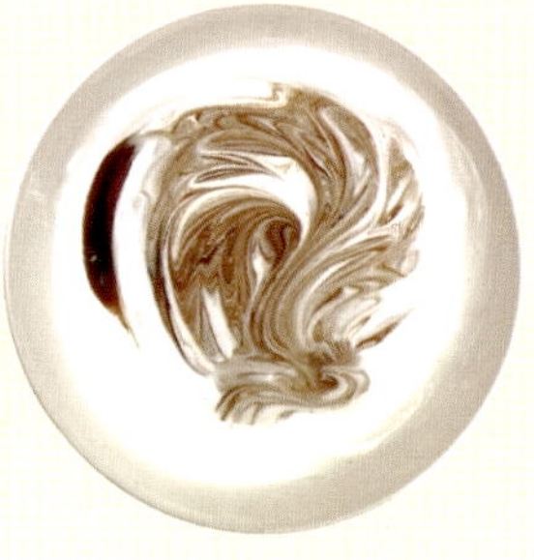

생크림에 초콜릿 시럽을 넣어 케이크 크림을 만들어요.

2

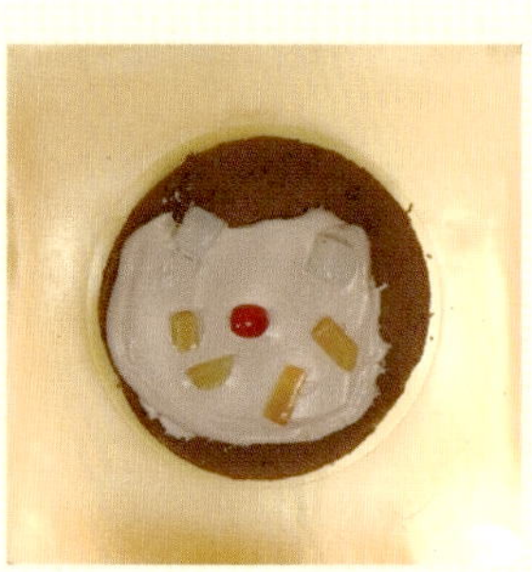

케이크 시트를 반으로 잘라 생크림을 바르고, 과일을 올려 케이크 시트를 덮어요.

3

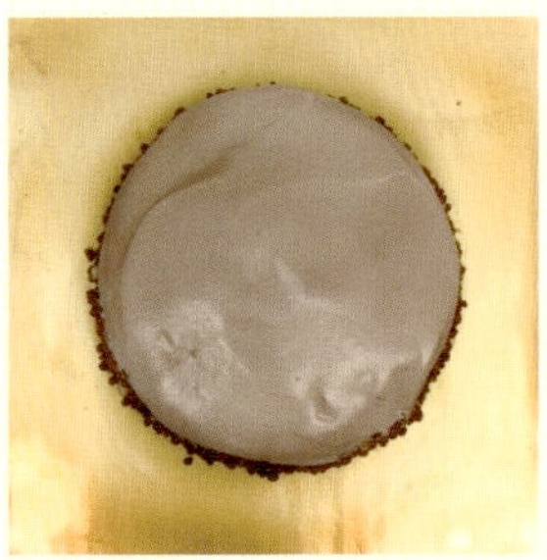

겉면에 생크림을 바르고, 옆면에는 초콜릿 크런치를 붙여 주세요.

4

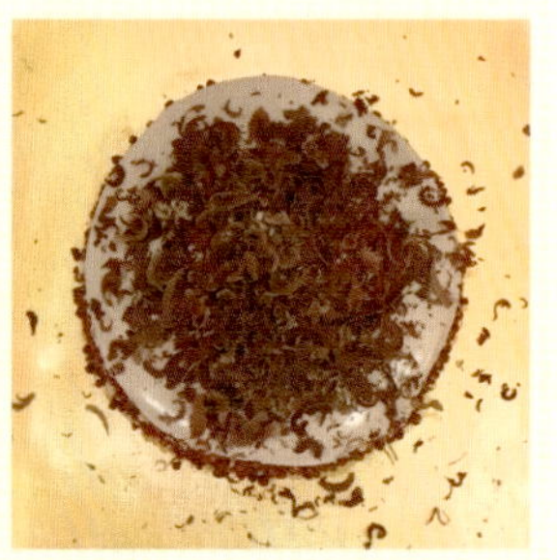

초콜릿 덩이를 강판에 갈아서 케이크 위에 장식해 주세요.

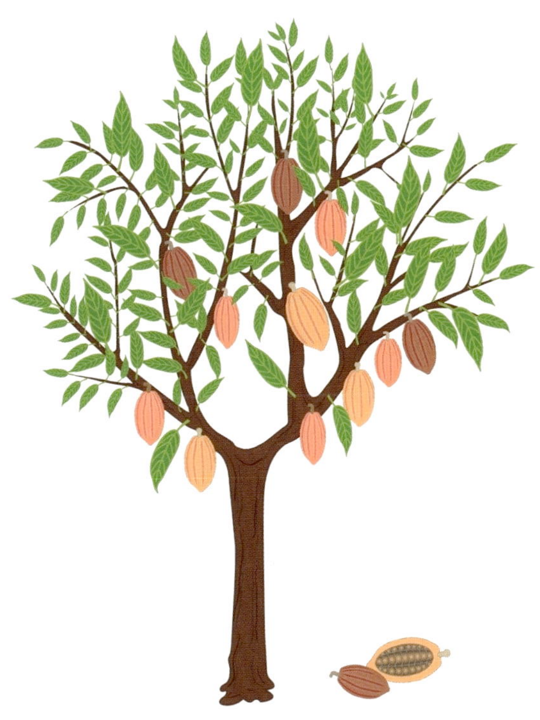

카카오나무

열대 지방에서 자라는 카카오나무는 땅에 습기가 많고 햇빛이 들어오지 않는 그늘진 곳에서 자라요. 특히 그늘은 카카오가 성장하는 데 매우 중요한 요소로 카카오의 원산지인 아마존 밀림은 카카오나무가 잘 자랄 수 있는 자연적인 그늘을 제공해 준답니다.

카카오 열매

완전히 성장하기까지 4〜5개월이 걸리며 완숙하는 데에 다시 한 달 정도가 걸려요. 초록색이던 카카오 열매는 익으면서 빨간색이나 노란색으로 변하는데, 모양은 대체로 럭비공처럼 생겼어요. 크기는 20〜25cm 정도랍니다.

카카오 콩

열매 한 개에는 보통 30〜40개 정도의 카카오콩이 들어 있어요. 껍질을 깨뜨리고 과육에 싸여 있는 카카오콩을 꺼내 자연 발효시킨 후, 수분을 5〜7%까지 건조시킨 것이 일반적으로 이용되는 카카오 콩이에요.

초콜릿
(카카오 분말＋카카오 버터＋설탕)

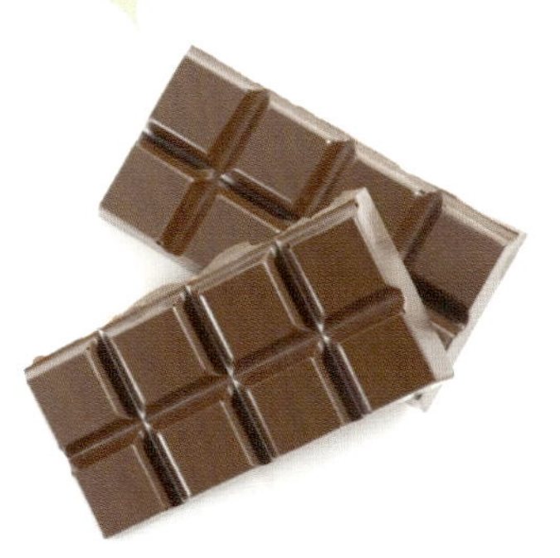

코코아
(카카오 분말)

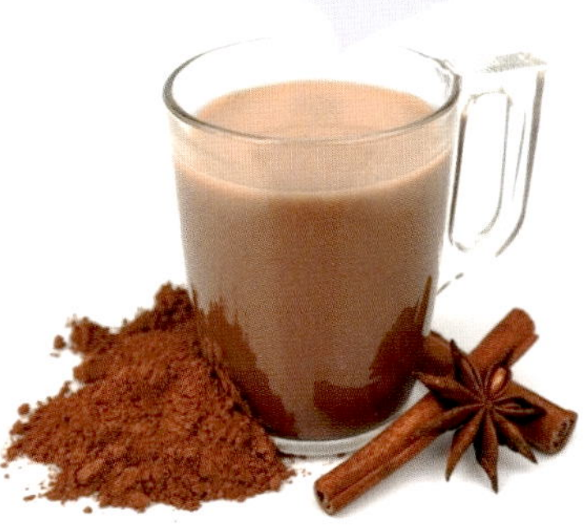

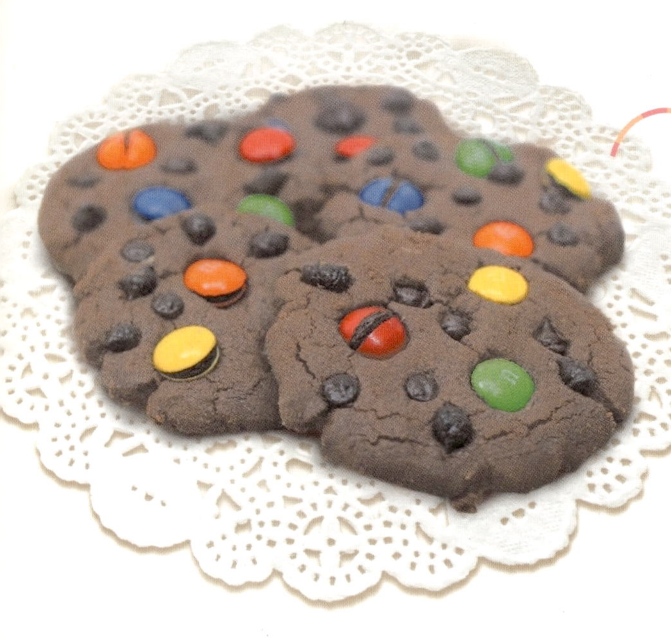

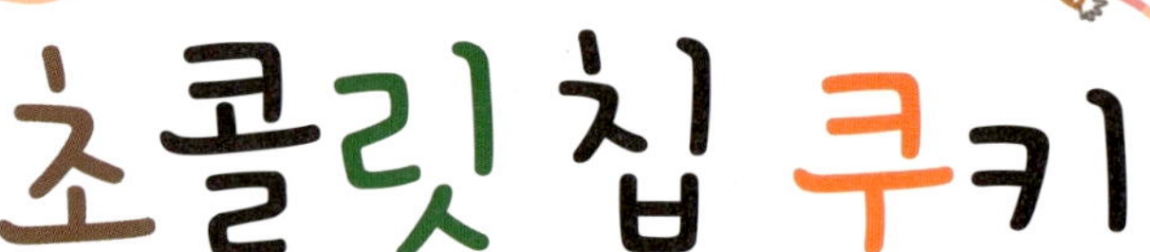

초콜릿 칩 쿠키

재료 밀가루 200g, 버터 100g, 설탕 70g, 코코아 가루 50g, 달걀 1개, 초콜릿 칩 30g, 베이킹 파우더 5g

도구 도마, 거품기, 볼, 오븐, 오븐 장갑

순서대로 따라해 보아요.

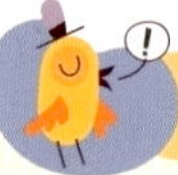 

1 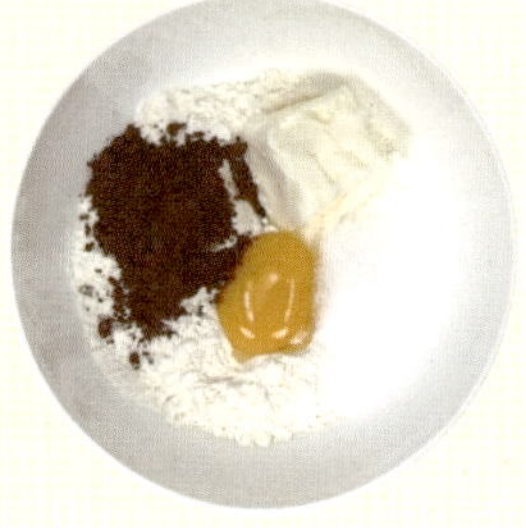
분량의 재료를 넣고 반죽해 주세요.

2 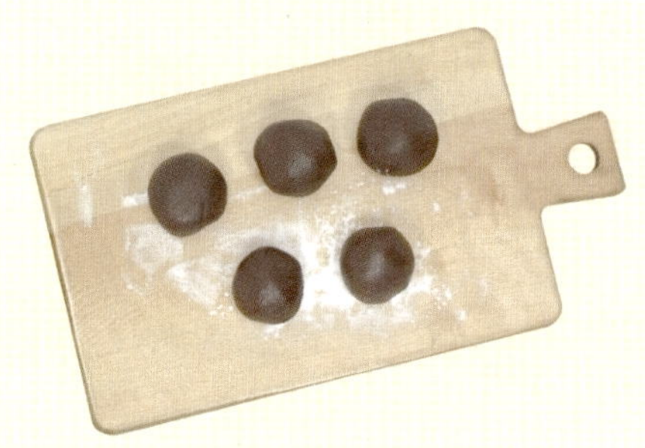
반죽을 등분한 다음 동글동글하게 빚어 주세요.

3  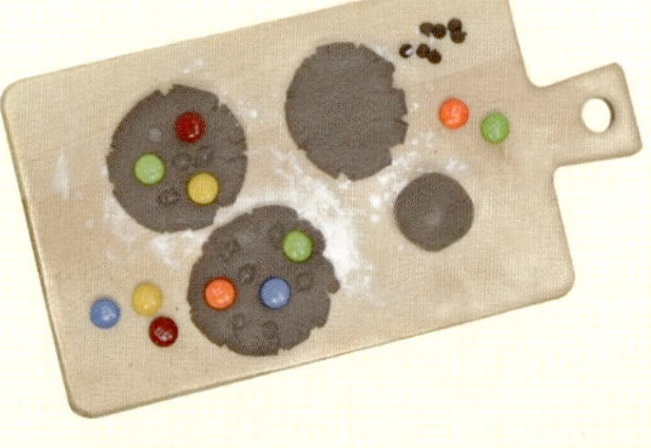
동글동글하게 빚은 반죽을 납작하게 누른 뒤, 초콜릿 칩으로 토핑해 주세요.

4  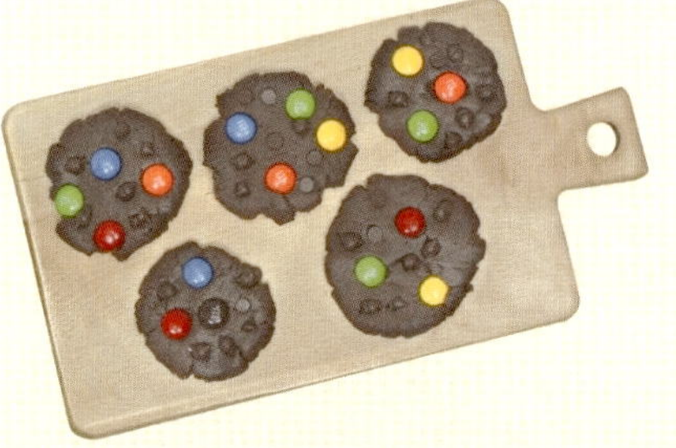
잘 꾸며진 쿠키를 예열(180℃)된 오븐에 15분 동안 구워 주세요.

과자의 이름은 다양해요!

- 영어권 국가 : 쿠키(Cookie)
- 중국어 : 빙간(饼干)
- 일본어 : 오카시(おかし)
- 프랑스 어 : 갸또(gateau)
- 독일어, 체코 어 : 킥스(keks)

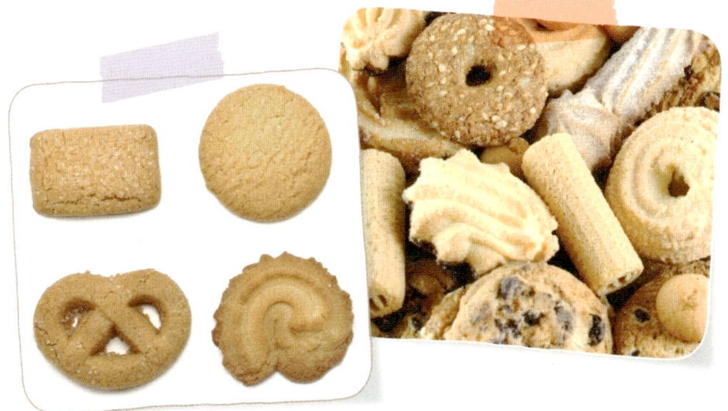

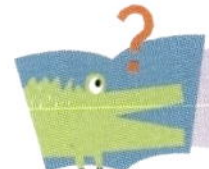
우리나라에는 어떤 과자가 있나요?

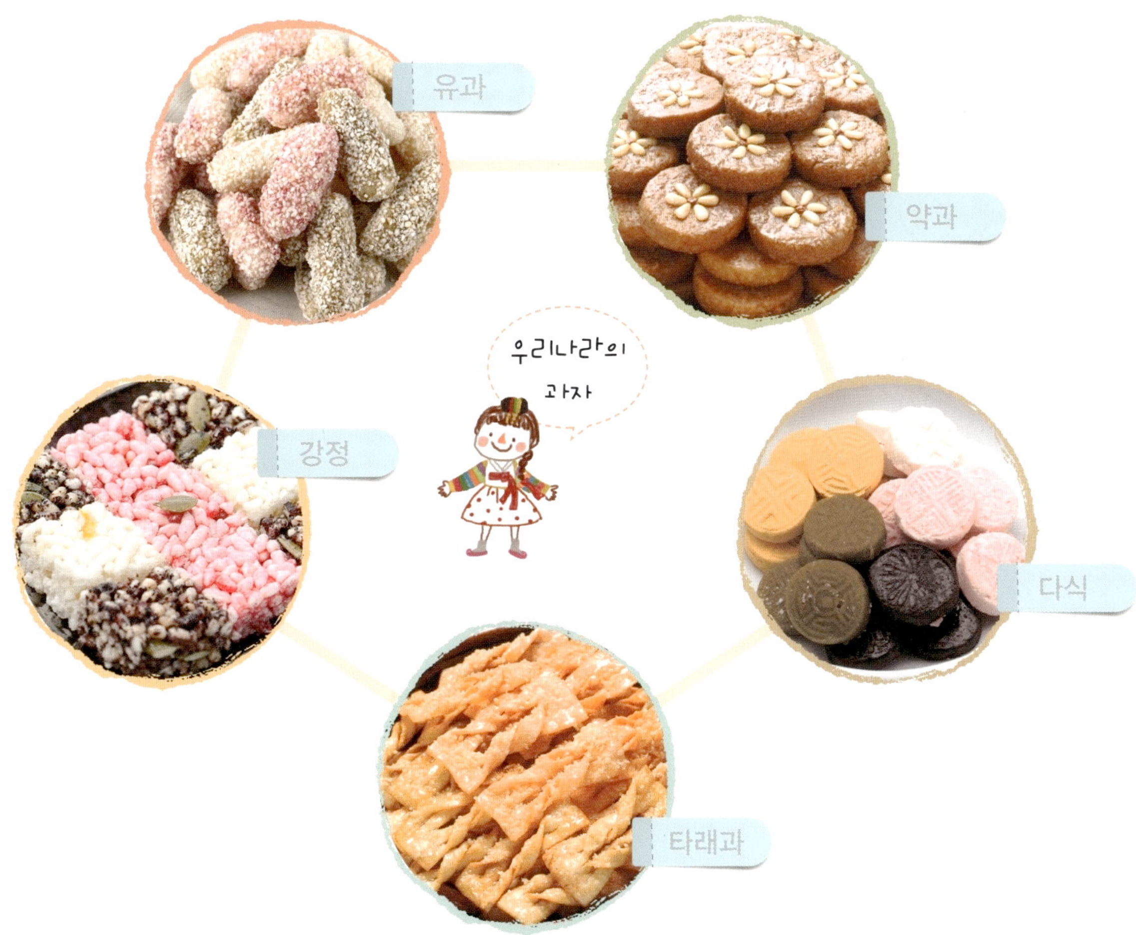

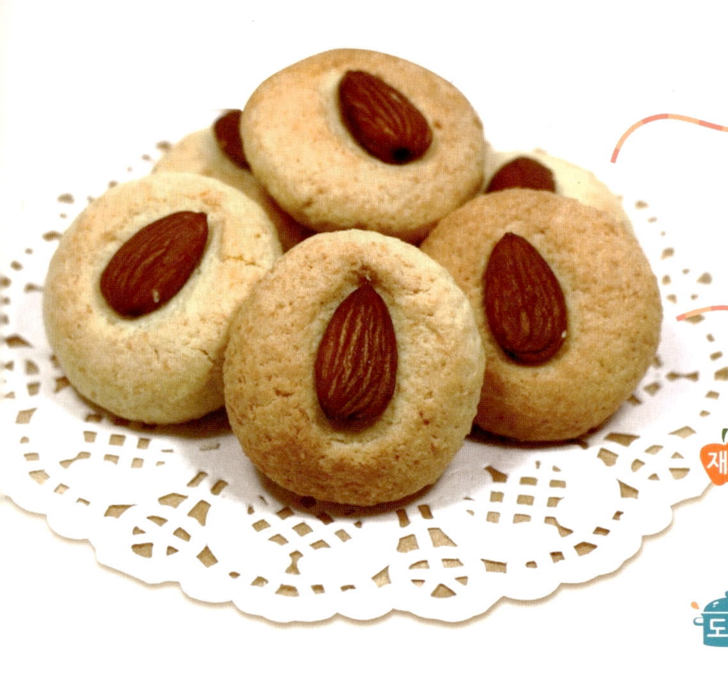

코코넛 쿠키

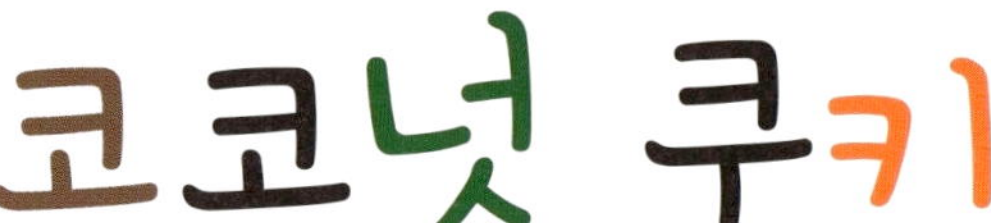

재료 코코넛 가루·박력분 80g, 버터 50g, 설탕 30g, 달걀 1개, 베이킹파우더 1작은술, 소금·통아몬드 약간

도구 믹싱 볼, 숟가락, 오븐 팬, 오븐, 오븐 장갑

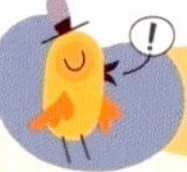

순서대로 따라해 보아요.

1 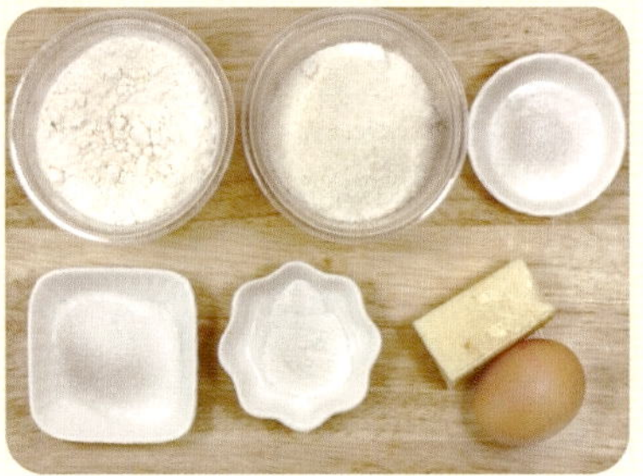

분량의 재료를 준비해 주세요.

2 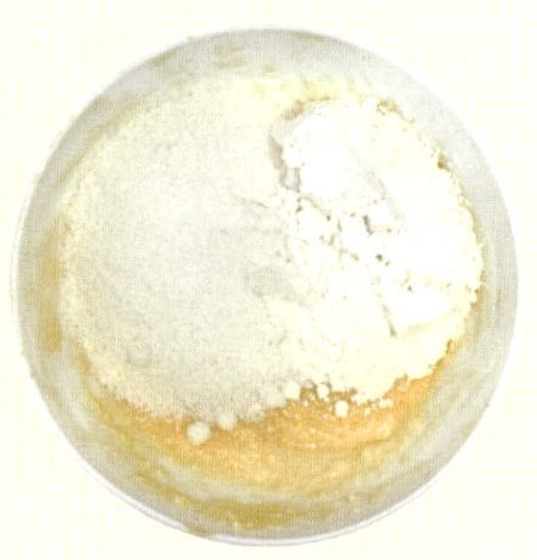

'버터-설탕-달걀-가루 재료' 순으로 반죽을 만들어 주세요.

3 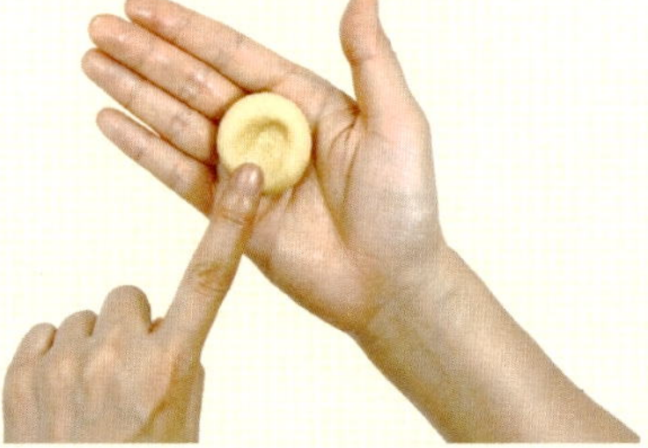

반죽을 동그랗게 빚어서 누른 후, 통아몬드를 올려 주세요.

4 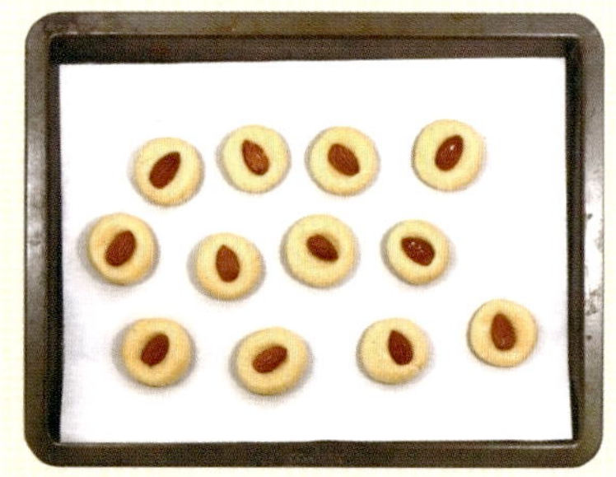

예열된 180℃ 오븐에서 15분 동안 구워 주세요.

코코넛을 알아봐요!

코코넛은 코코야자의 열매로, 즙이 많아 음료로 많이 마셔요. 열매 안쪽의 젤리처럼 생긴 과육은 그대로 먹거나 기름을 짜고, 열매를 감싸고 있는 섬유층은 카펫이나 산업용 로프, 차량 시트 등을 만드는 데 쓰이지요. 또 단단한 껍데기는 생활용품이나 공예품의 재료가 된답니다.

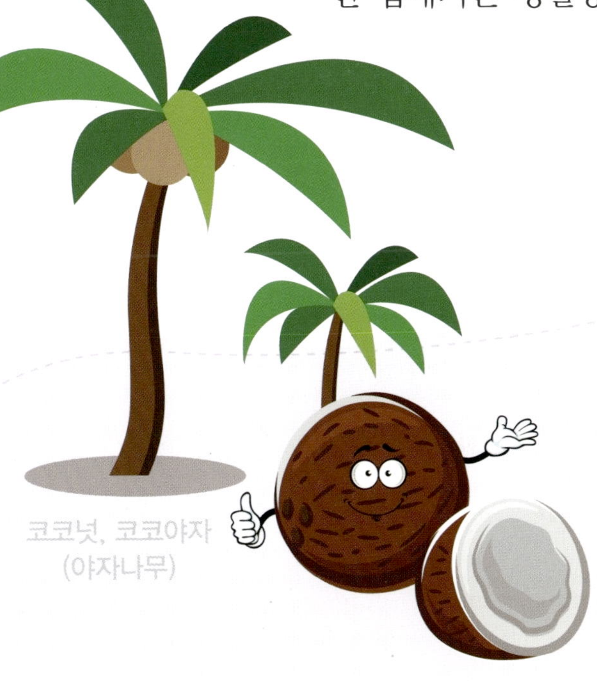

코코넛, 코코야자
(야자나무)

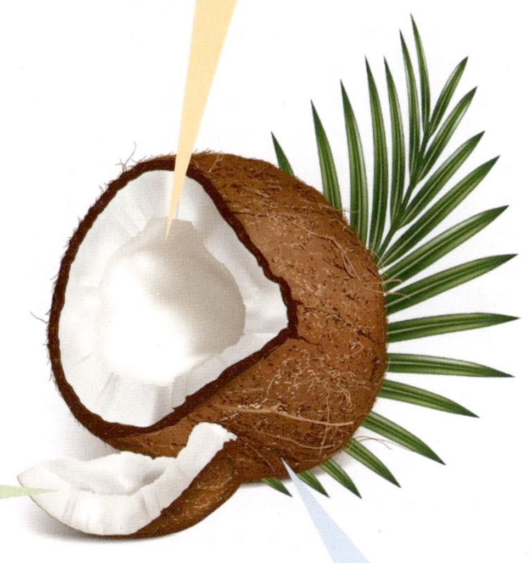

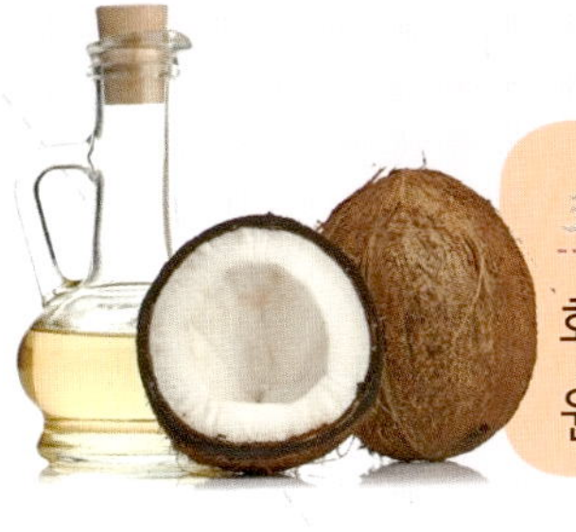

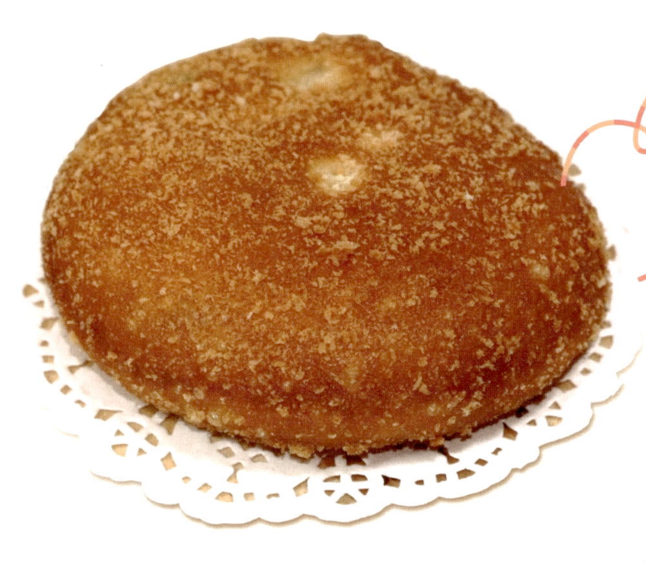

고로케 빵

빵 반죽(53쪽 참고) 200g, 삶은 달걀 1개,
피망·양파·햄·당근 20g, 마요네즈 2큰술,
달걀 1개, 빵가루 1/2컵, 식용유

튀김 냄비, 젓가락

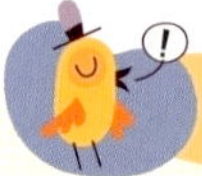 **순서대로 따라해 보아요.**

1 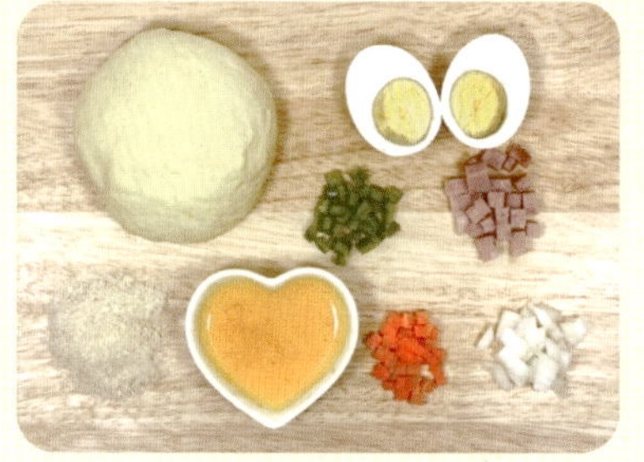
빵 반죽을 나누어 놓고, 분량의 재료를
준비해 주세요.

2 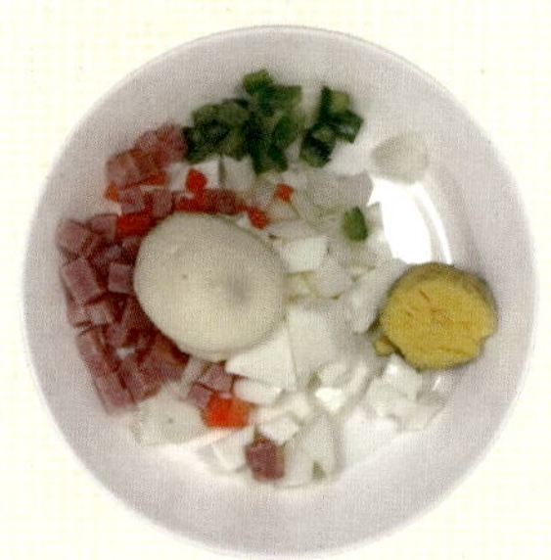
자른 재료를 마요네즈에 섞어 달걀 샐러
드를 만들어 주세요.

3 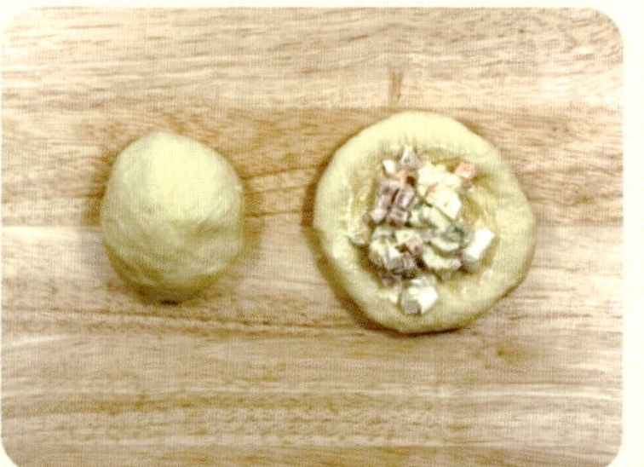
등분한 빵 반죽에 달걀 샐러드를 넣고
잘 감싸 주세요.

4 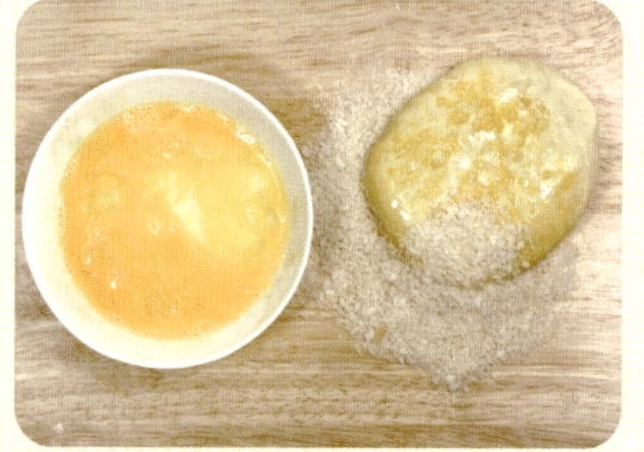
달걀과 빵가루를 묻혀 180℃ 기름에 5분
동안 바싹하게 튀겨 주세요.

기름은 왜 갑자기 끓어오르나요?

잔잔해 보이는 기름에 튀김 재료를 넣으면, 갑자기 부글부글 끓는 것처럼 보이죠? 이것은 물의 끓는점과 기름의 끓는점이 달라서 일어나는 현상이에요. 물은 100℃에서 끓기 시작하는데, 기름은 그보다 높은 170~200℃ 사이에 끓는답니다. 달궈진 기름에 튀김 재료를 넣으면, 음식 속의 수분은 빠져 나와 수증기로 날아가고, 뜨거운 기름이 그 수증기 자리로 들어가 음식을 조리하는 것이지요.

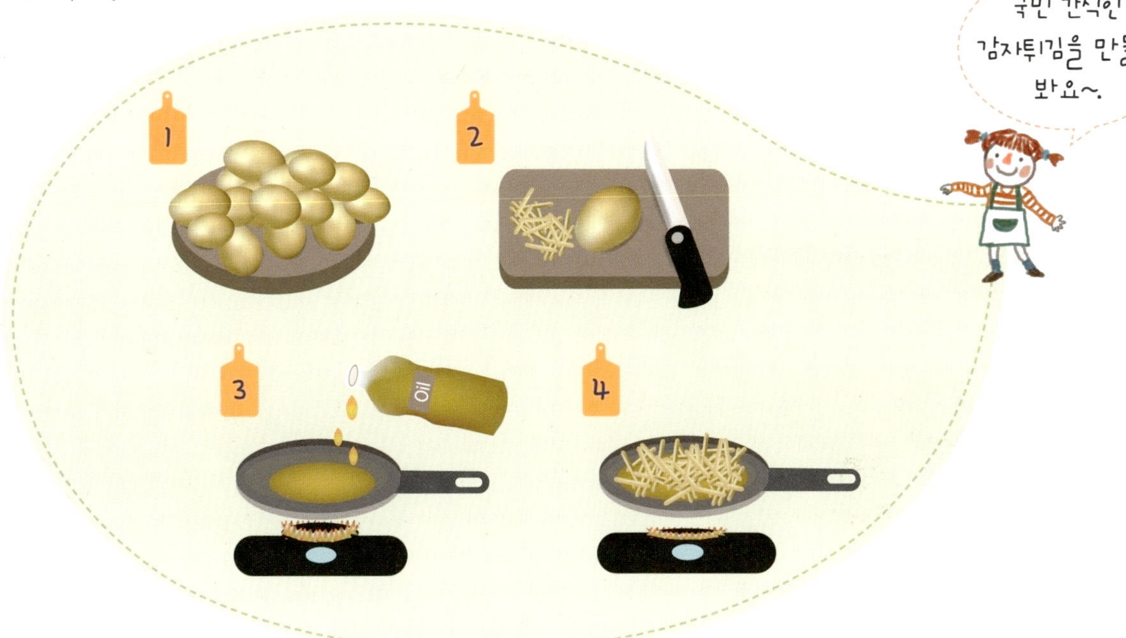

튀김할 때의 주의 점을 알아봐요.

◎ 튀김 음식을 할 때는 열이 전달되지 않는 나무 재질의 도구를 사용해 주세요.

◎ 물기가 닿으면 기름이 튈 수 있으니 항상 조심해 주세요.

◎ 혹시 요리하다 기름이 튀었다면, 흐르는 찬물에서 빨리 열을 식혀 주세요.

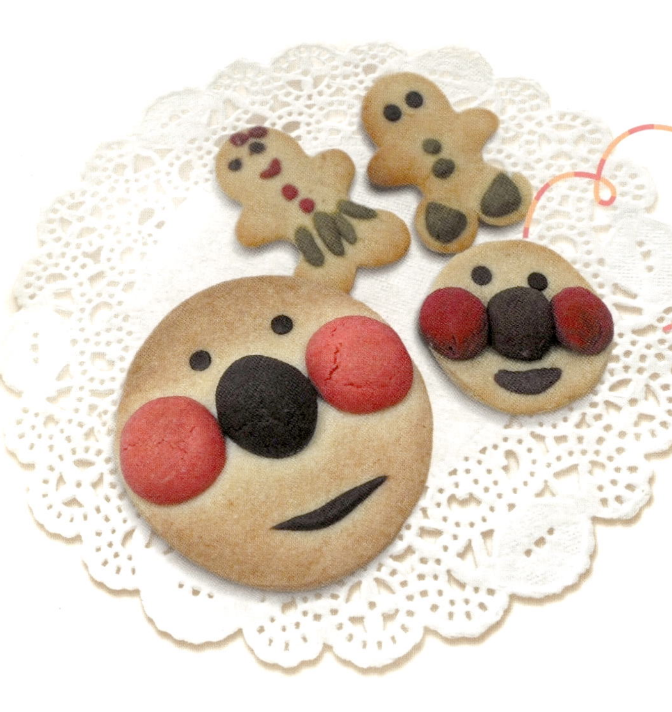

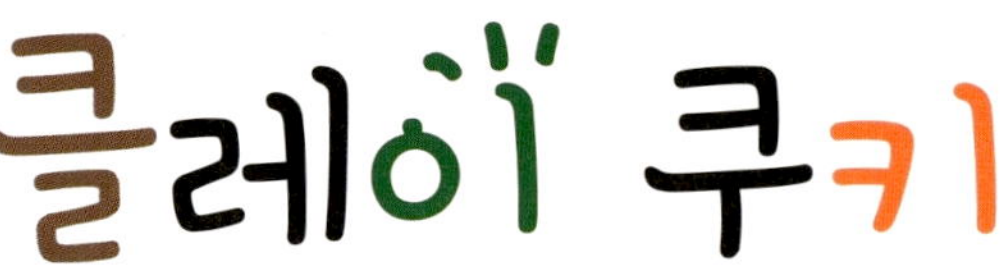

클레이 쿠키

 쿠키 반죽(60쪽 참고), 색깔 재료(코코아·백련초·쑥 가루) 5g

 도마, 칼, 밀대, 쿠키 틀, 오븐, 오븐 장갑

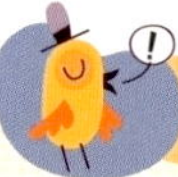  **순서대로 따라해 보아요.**

1 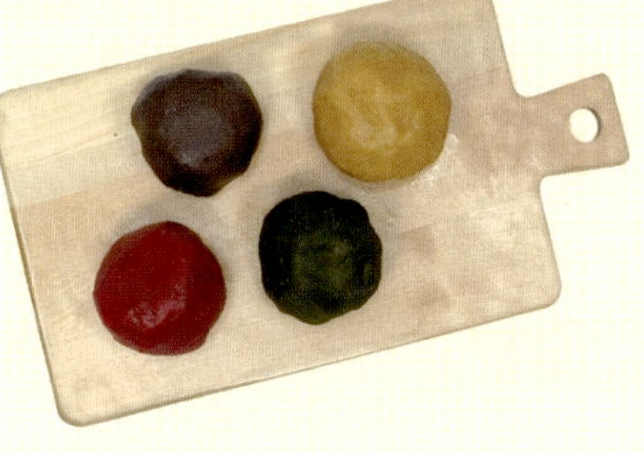

여러 가지 색깔의 쿠키 반죽을 준비해 주세요.

2 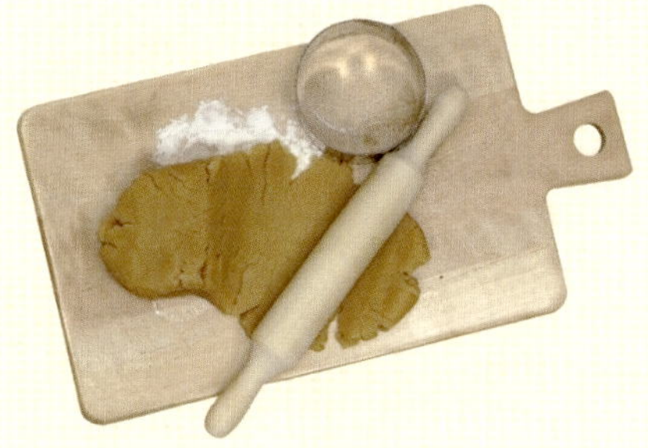

밀가루를 뿌린 뒤 반죽을 밀대로 밀고, 모양 틀로 찍어 주세요.

3  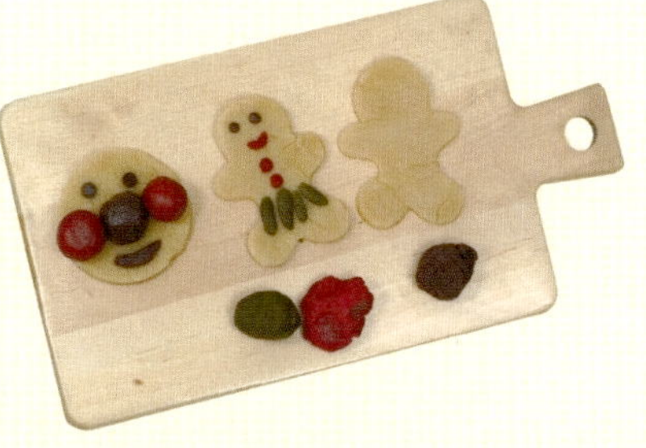

색색의 반죽으로 쿠키를 알록달록 꾸며 주세요.

4 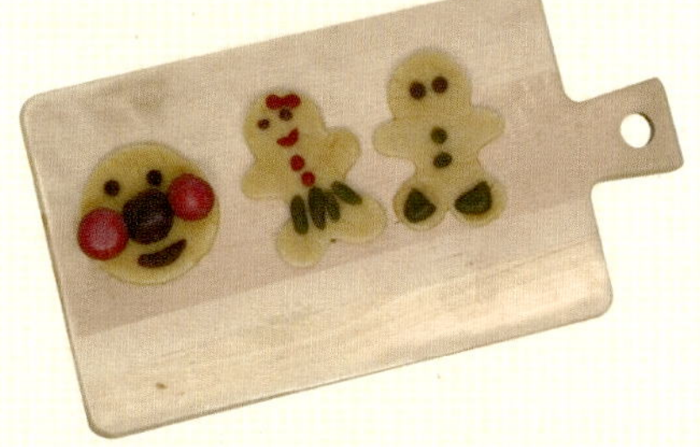

예열(180℃)된 오븐에서 15분간 구워 주세요.

생김새	이름	특징
	쑥	짙은 초록색을 내는 천연 색소로, 예로부터 어린잎은 먹고 줄기와 잎자루는 약으로 사용하였어요.
	오디	뽕나무의 열매로 검고, 붉은 색을 낼 때 이용하는 천연 색소예요.
	녹차	우리나라는 신라 시대 하동 쌍계사에서 처음 재배하였다고 해요. 찻잎과 같은 색을 내는 천연 염색 재료랍니다.
	송화	소나무의 꽃가루로, 노랗고 달콤한 향이 나요. 주로 다식을 만들 때나 한복 염색에 사용해요.
	치자	주로 열매를 이용하여 노랗게 물을 들이는데, 빈대떡과 같은 음식이나 한복과 같은 옷감의 염색에 사용되었어요.
	백년초	선인장과에 속하는 식물로 자주색 열매 부분에 색소를 가지고 있어요.

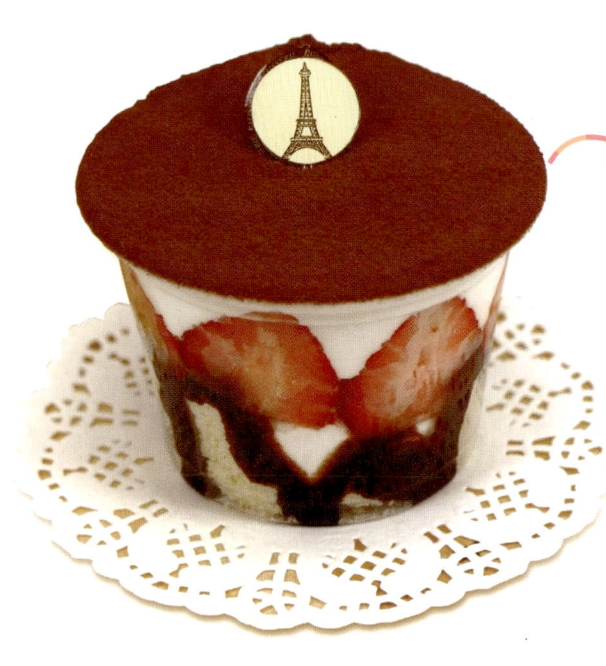

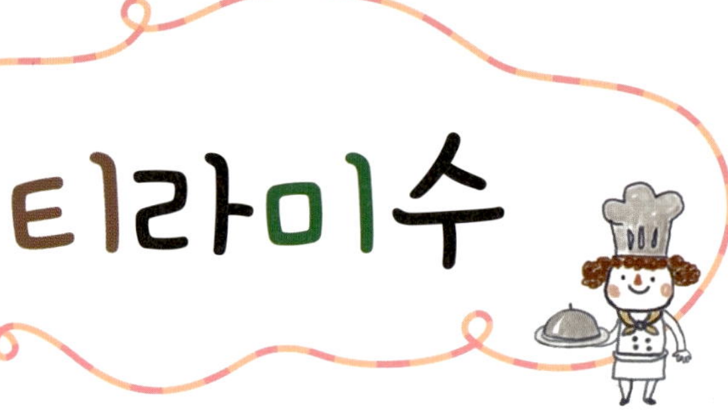
티라미수

 **재료** 카스텔라 1조각, 생크림 1컵, 크림치즈 2큰술,
딸기 5개, 초코시럽·코코아 파우더 조금

 **도구** 도마, 칼, 투명 컵, 작은 체

순서대로 따라해 보아요.

1
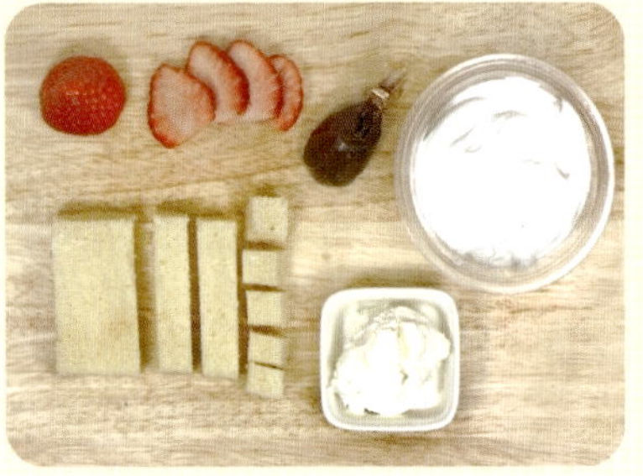
분량의 재료를 알맞게 준비해 주세요.

2
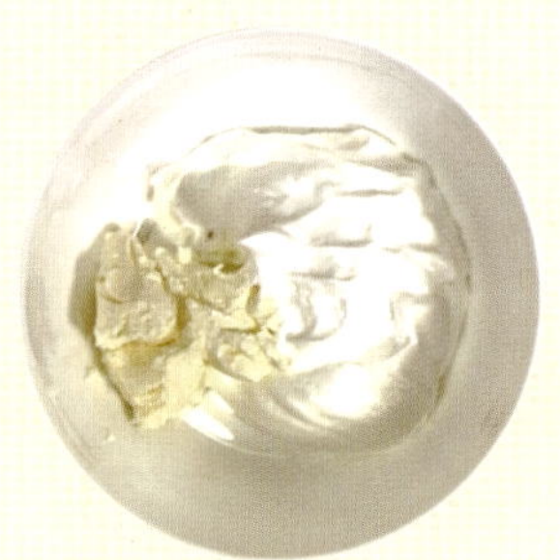
생크림과 크림치즈를 잘 섞어 주세요.

3
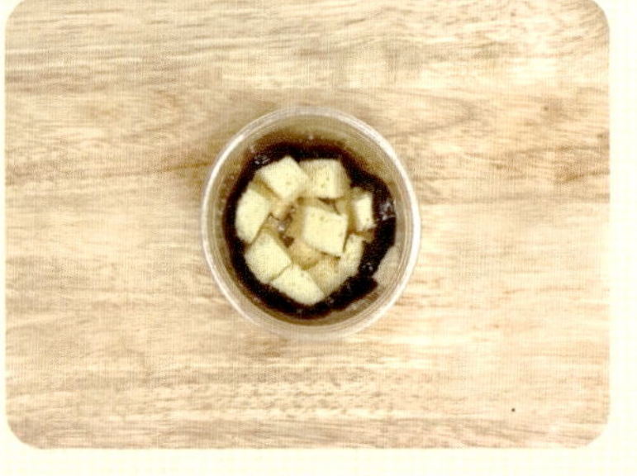
투명 컵에 카스텔라, 초콜릿 시럽, 딸기,
크림 순으로 넣어 주세요.

4
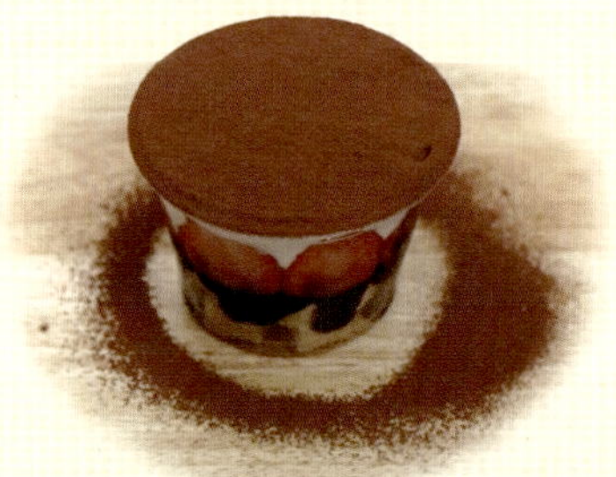
체를 살살 흔들어 코코아 파우더를 촘촘
하게 뿌려 주세요.

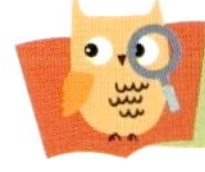
티라미수는 무엇인가요?

티라미수는 이탈리아 말로 기분이 좋아진다는 뜻이에요. 높은 열량과 당분을
먹게 되면 사람의 기분이 좋아지게 된다는 뜻에서 붙여진
이름이라고 해요.

티라미수 = [끌어올리다 = 티라레(tirare)] + [나를 = 미(mi)] + [위로 = 수(su)]
= 기분이 좋아진다!

이탈리아의 디저트를 알아봐요.

디저트는 본 식사를 다 한 후 먹는 음식으로, 전체 식사의 마무리에요. 이탈리
아에서는 식사 후에 달콤한 케이크나 과일로 디저트를 하고, 커피나 아이스크
림 등을 함께 즐긴다고 해요.

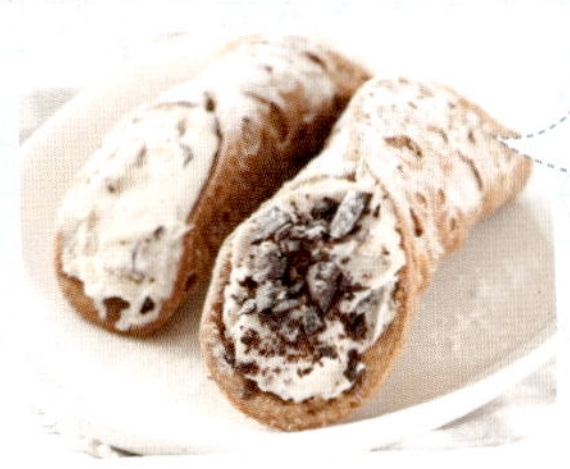

카놀리(Cannoli)

바삭한 과자에 부드러운
크림치즈를 채웠어요.

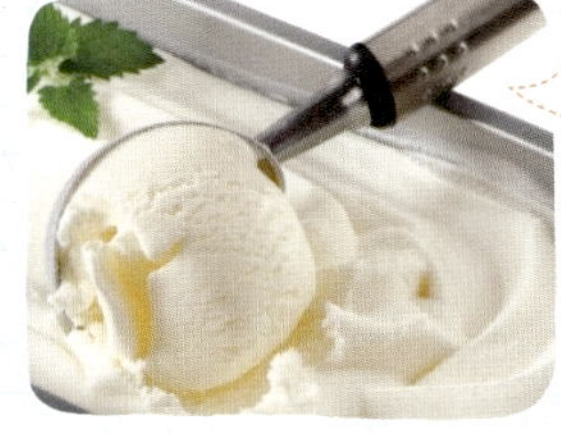

젤라토(gelato)

우유의 풍부한 맛이
잘 느껴지는
아이스크림이에요.

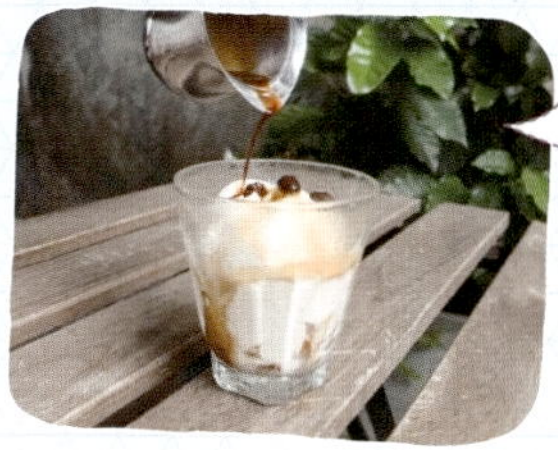

아포가토(affogato)

'끼얹다.'라는 뜻으로,
커피를 바탕으로 한
음료나 후식을 뜻해요.

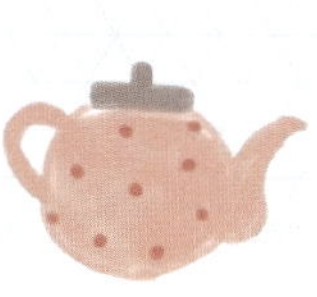
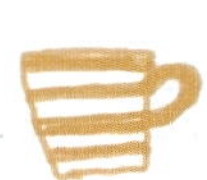
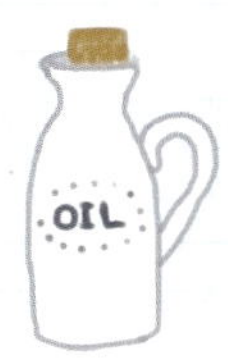

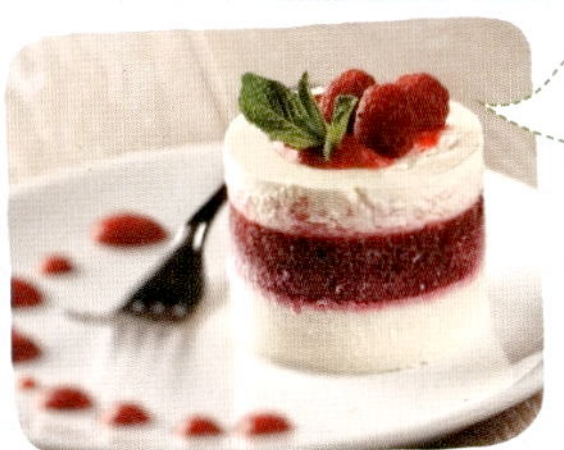

판나코타(panna cotta)

부드러운 생크림에
젤라틴을 넣어 만든
푸딩이에요.

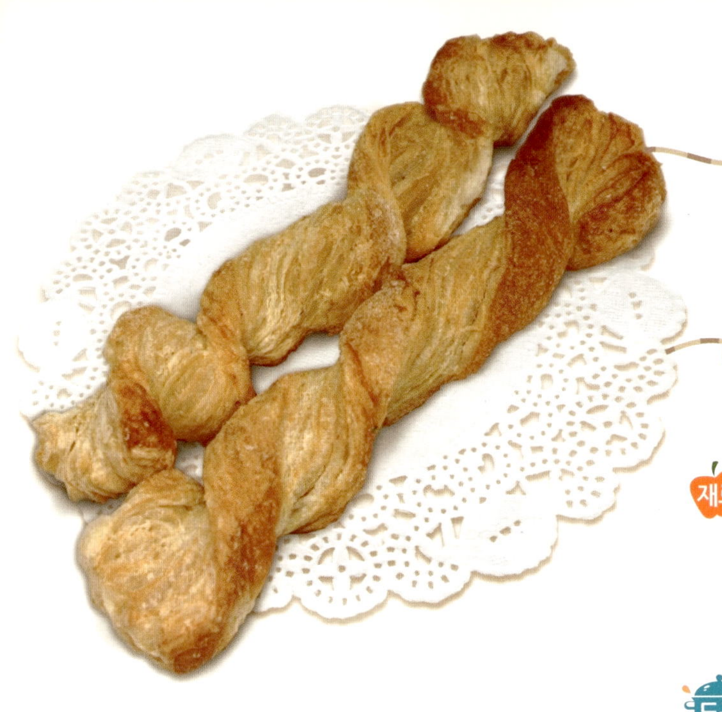

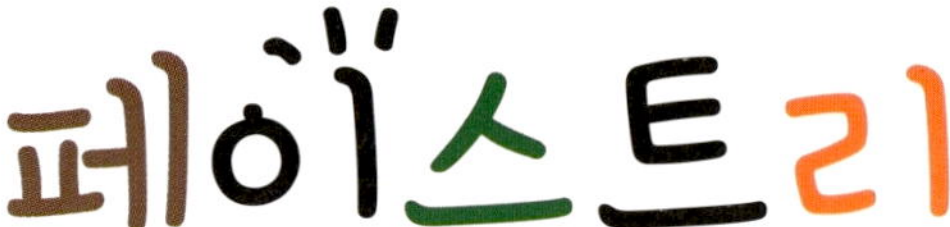

페이스트리

[반죽] 강력분 120g, 박력분 60g, 우유 70g, 버터 30g, 설탕 20g, 달걀 1개, 드라이이스트·소금 3g

충전용 버터 175g, 달걀물 약간

칼, 밀대, 오븐 팬, 오븐, 오븐 장갑

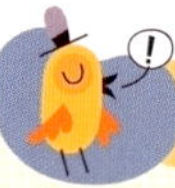

순서대로 따라해 보아요.

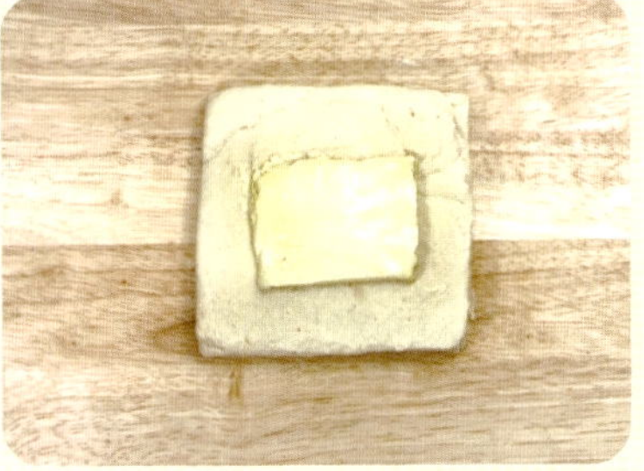

1 반죽에 버터를 넣고 접어 주세요.

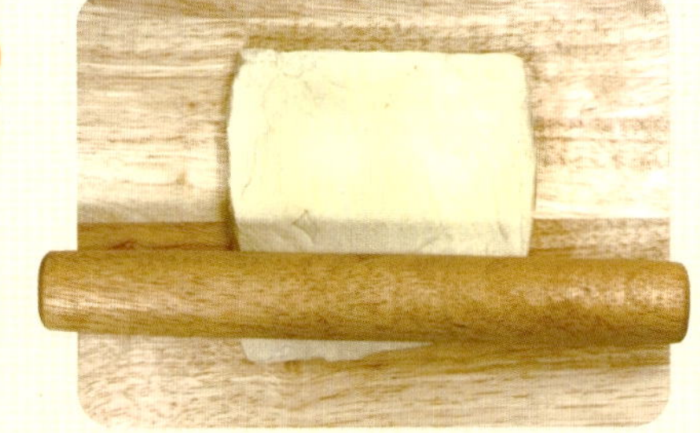

2 밀대로 밀어서 접어 가며 페이스트리 반죽을 만들어 주세요.

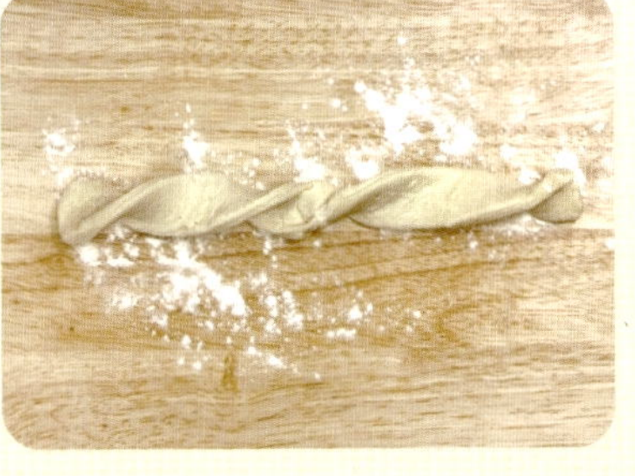

3 버터가 잘 섞인 반죽을 길쭉하게 잘라서 꼬아 주세요.

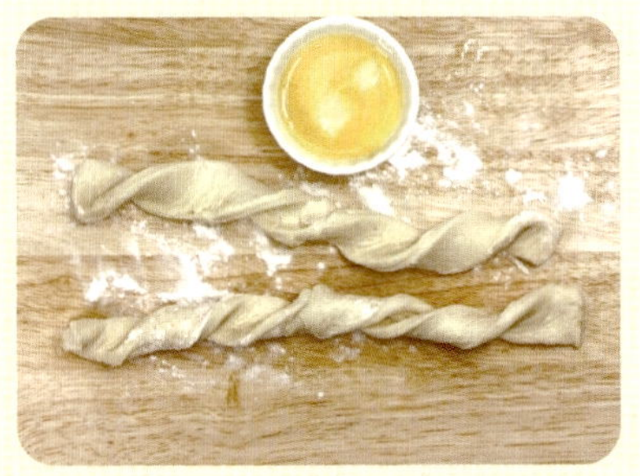

4 달걀물을 바르고 설탕을 뿌려, 190℃ 오븐에서 15분 동안 구워 주세요.

빵 반죽에 버터를 두껍게 넣고 밀어서 3단으로 접은 후, 냉장고에 넣어 차갑게 식히기를 여러 차례 반복하면 수백 개의 겹을 만들어 낸 페이스트리가 만들어져요. 한번에 3겹으로 접을 때마다 빵의 겹은 3배씩 늘어나게 되고, 이것을 오븐에 넣어 익히면 버터는 녹아 반죽이 되지요. 이것이 빵 반죽의 겹을 만들어 내는 역할을 하는 것이랍니다.

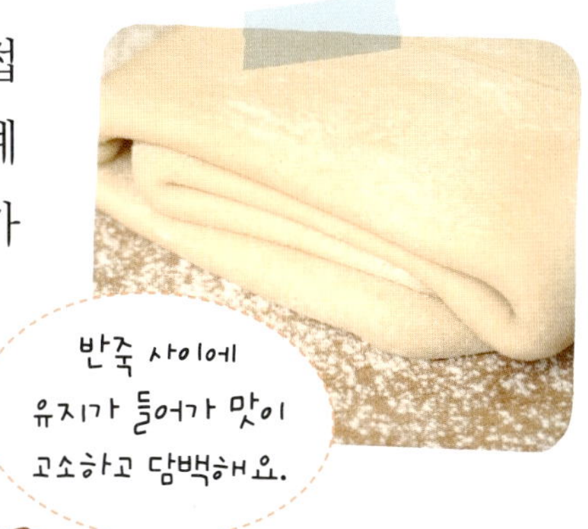

◎ 유 - oil : 식용유나 참기름처럼 흐르는 액체 상태의 기름 성분이에요.
◎ 지 - fat : 버터나 마가린처럼 단단한 고체 상태의 기름 성분이에요.

◎ **유지의 성질**

- 공기와 혼합되어 반죽할 때 크림처럼 만들어지는 성질이 있어요.
- 쇼트닝이라고 하여 빵은 부드럽게, 쿠키는 바삭하게 만들어 주는 성질이 있어요.
- 안정성이라고 하여 빵이 쉽게 마르지 않고, 산패되지 않도록 도와주는 성질이 있어요.
- 신장성이라고 하여 빵이나 쿠키를 만들 때 밀대로 잘 밀어 펴지는 성질이 있어요.
- 가소성이라고 하여 고체 상태의 지방이 단단한 외형을 갖게 하는 성질이 있어요.

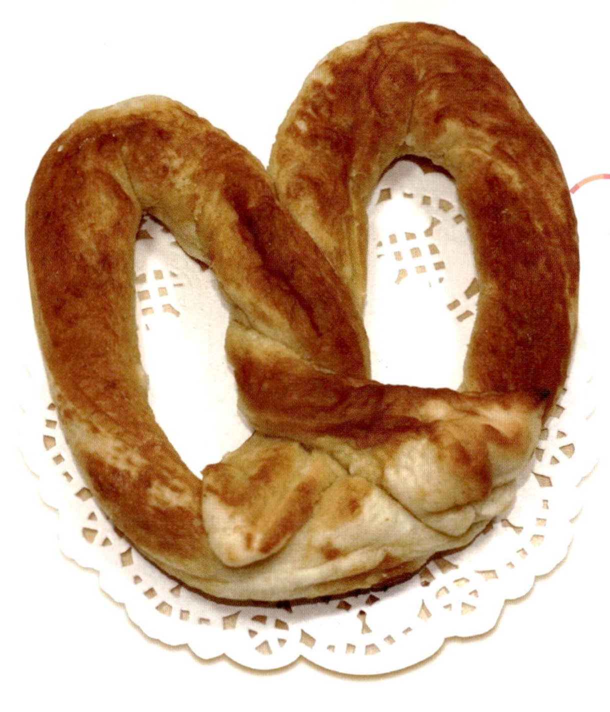

프레첼 

 [4개 분량] 강력분 200g, 물 100g, 버터 10g, 이스트·소금 5g, 토핑용 굵은 소금 약간

 믹싱 볼, 밀대, 오븐 팬, 오븐, 오븐 장갑

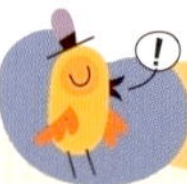 **순서대로 따라해 보아요.**

1 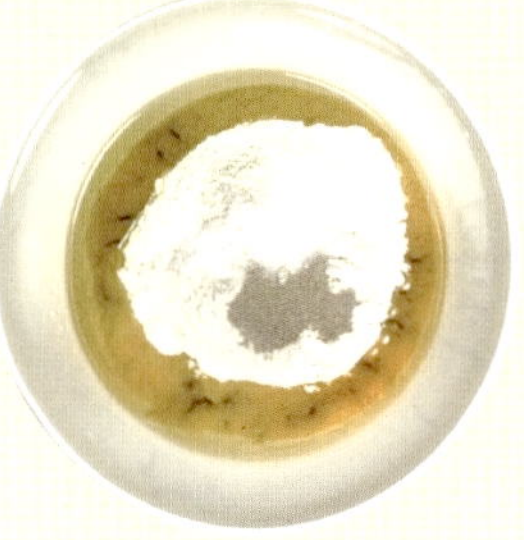
재료를 모두 넣고 반죽해 주세요.

2 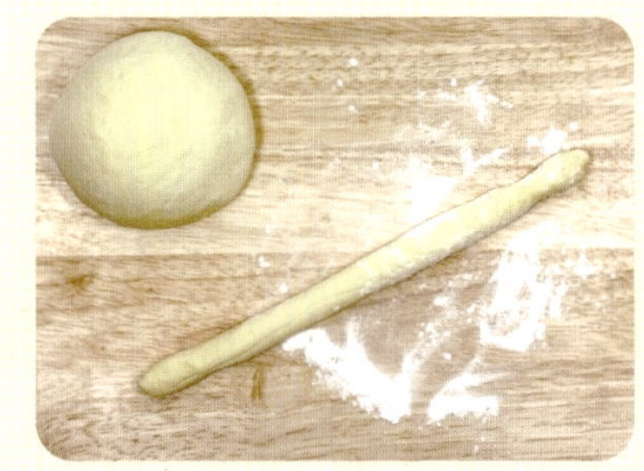
1차 발효 후 반죽을 등분하여 길게 만들어 주세요.

3 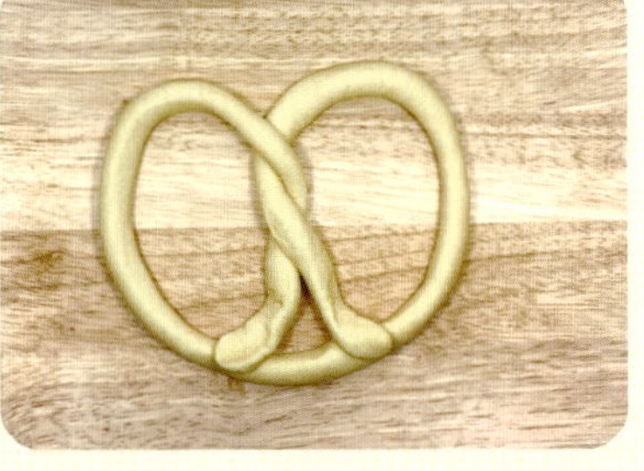
반죽을 꼬아서 프레첼 모양을 만들어 주세요.

4 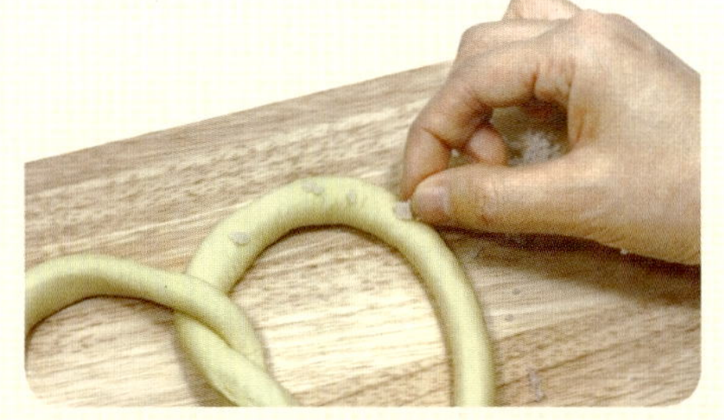
토핑 소금을 뿌려서 200℃ 오븐에서 15분 동안 구워 주세요.

프레첼 모양은 중세 초기 독일의 한 수도원에서 수도사가 남은 빵 반죽을 기도
하는 손 모양으로 꼬아 구운 것에서 유래해요. 소박하게 밀가루와 물로만 반죽
하고, 소금을 장식 삼아 뿌려 구워 낸 것이에요. 이것은 짭조름하고
씹을수록 고소한 맛 때문에 유럽뿐 아니라 미국에서도 인기 높은
간식이 되었어요.

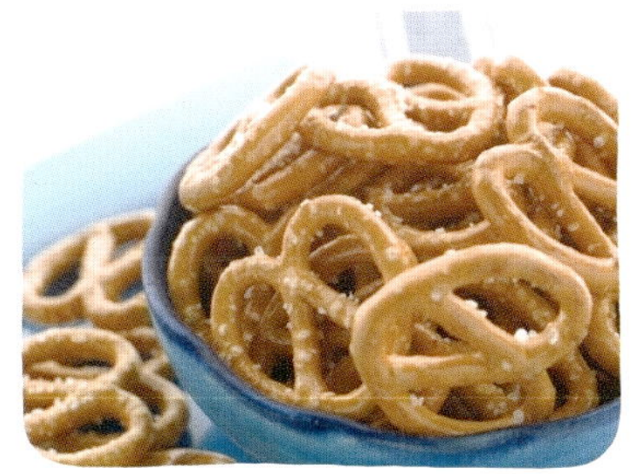

미니 프레첼

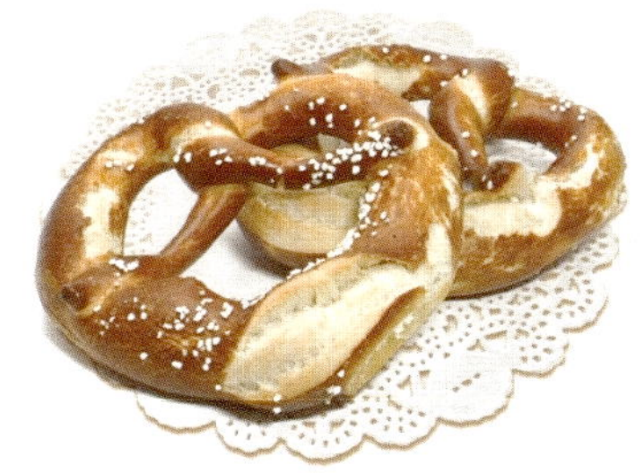

프레첼 빵

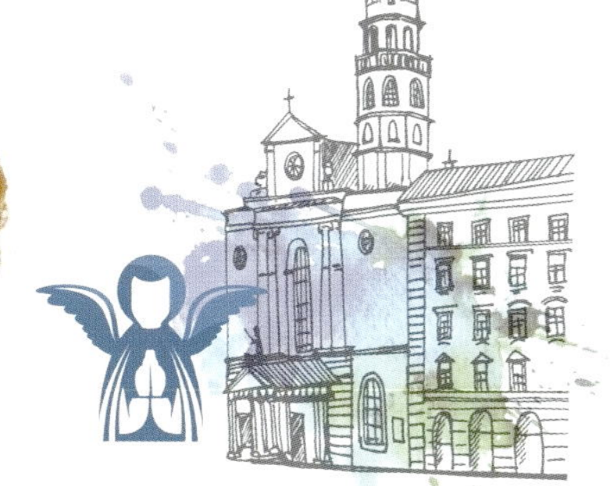

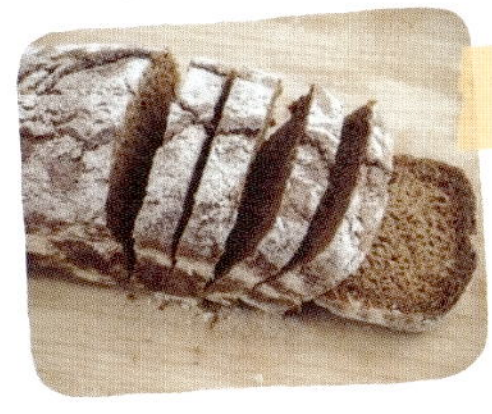

통 곡물로 만든 빵으로,
하얀 식빵보다 딱딱해요.

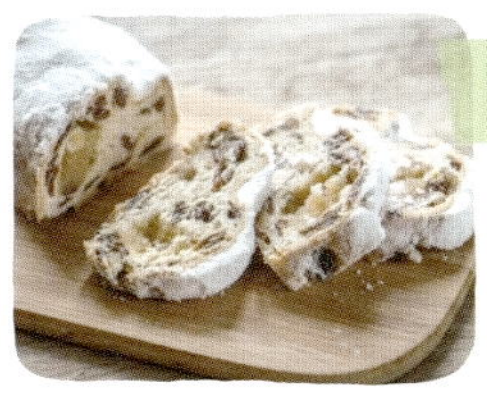

독일의 전통 크리스마스
케이크랍니다.

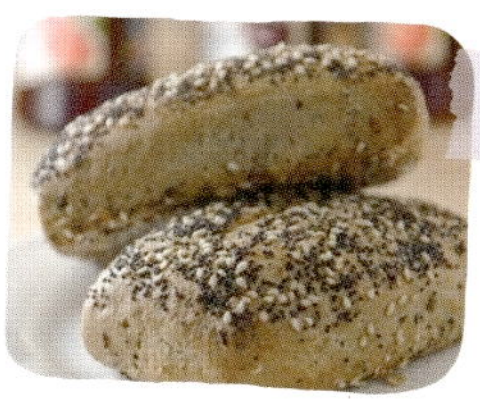

독일의 대표적인 식사
빵이에요.

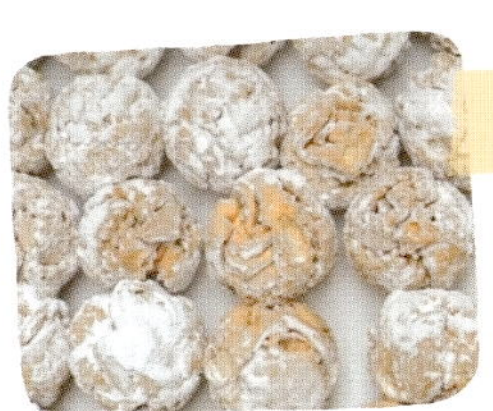

공 모양 빵으로, 망치를
이용해 부서 먹어요.

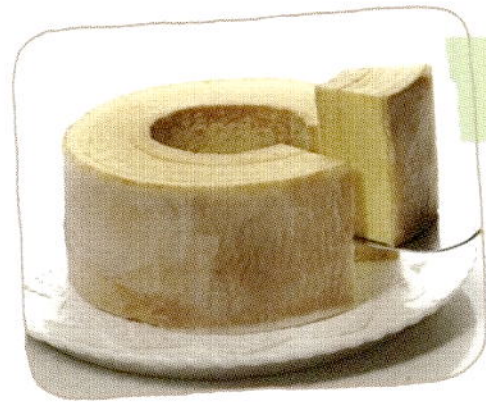

통나무 모양으로, 독일의
전통 결혼식 케이크죠.

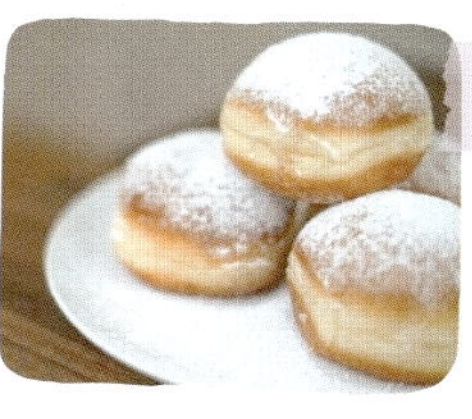

독일식 팬케이크예요.

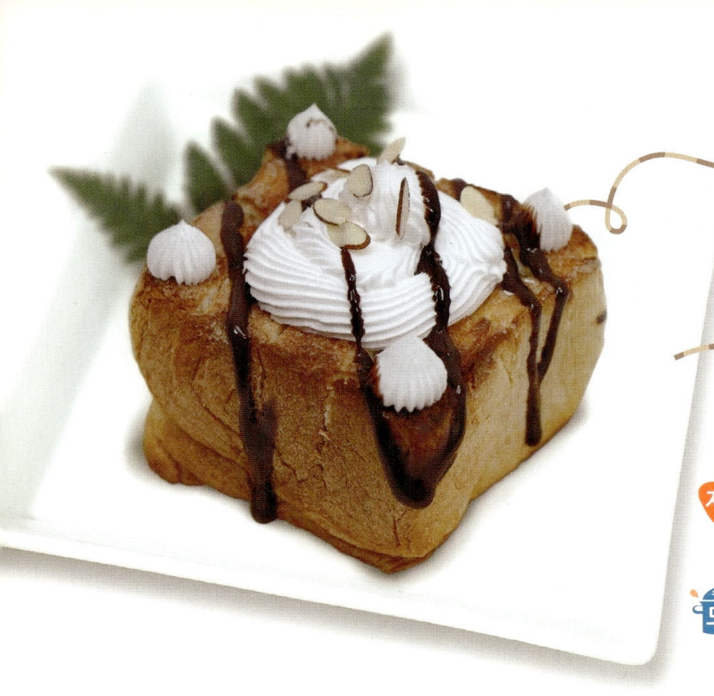

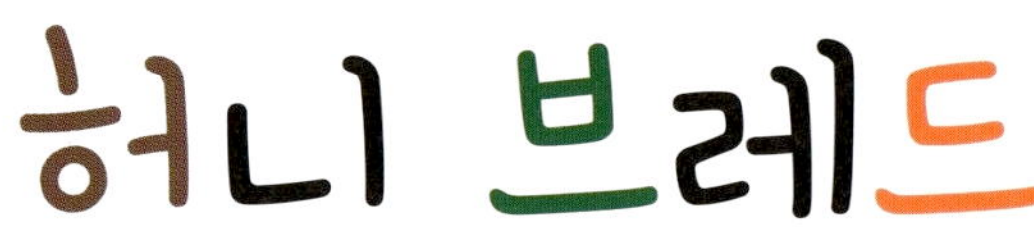
허니 브레드

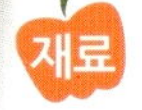 **재료** 통식빵, 버터 100g, 설탕 80g, 생크림·슬라이스 아몬드·초콜릿 시럽 약간

 **도구** 칼, 볼, 거품기, 주걱, 오븐, 오븐 장갑

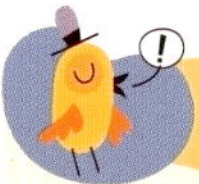  **순서대로 따라해 보아요.**

1 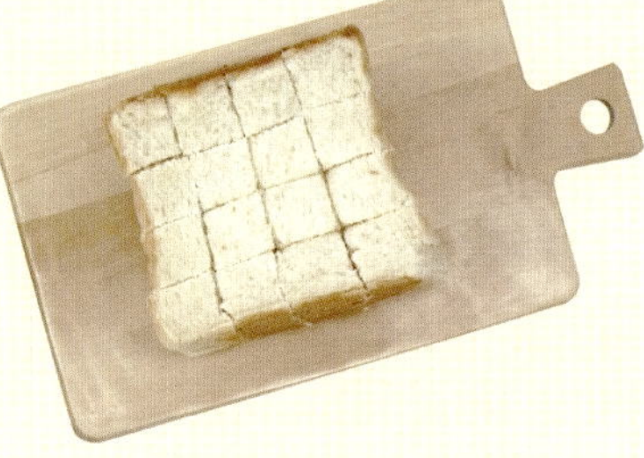
통식빵을 등분하여 잘라 주세요.

2 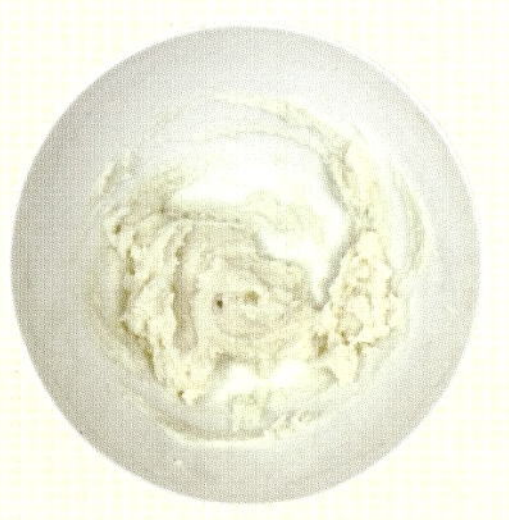
버터와 설탕을 거품기로 저어, 버터 크림을 만들어 주세요.

3 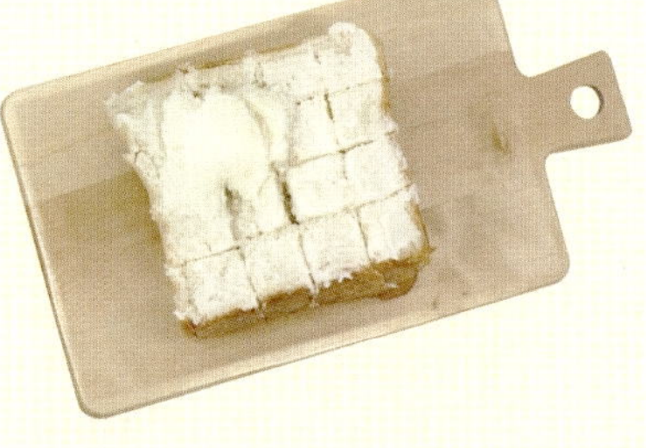
등분한 통식빵 사이에 버터 크림을 골고루 바른 뒤, 오븐에서 구워 주세요.

4 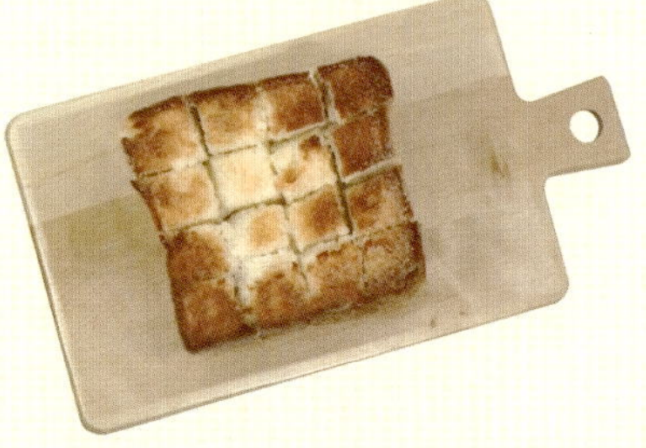
생크림으로 토핑하고, 초콜릿 시럽과 아몬드로 장식해 주세요.

단맛을 내는 재료를 알아봐요.

- **설탕** : 사탕수수와 사탕무가 주요 원료입니다.
- **꿀** : 꿀벌이 꽃을 이용해 벌집에 모아 두는 달콤한 천연 당분입니다.
- **포도당** : 생물계에 널리 분포하며, 주로 탄수화물로 섭취되며 생물 조직 속에서 에너지원으로 사용됩니다.
- **과당** : 꿀이나 과일 속에 주로 들어 있는 당류로, 단맛이 나고 발효하면 알코올이 됩니다.
- **올리고당** : 설탕 대용으로 많이 사용하는데, 포도당에 과당이 결합한 것으로 단맛을 내지만, 칼로리는 설탕보다 낮아요. 효소 합성을 통해 만들어진 기능성 당입니다. 이것은 콜레스테롤을 낮추고, 항균 작용을 하며, 면역력을 높이는 데 효과가 있습니다.

설탕

꿀

단맛을 어떻게 비교할까요?

'당도'라는 것은 음식물에 들어 있는 단맛의 양을 그 음식물에 대하여 백분율로 나타낸 것이에요. 이 단맛의 정도를 나타내는 단위를 브릭스(Brix)라 하는데, 이것은 독일 과학자 아돌프 에프. 브릭스(Adolf F. Brix)의 이름에서 따왔답니다.

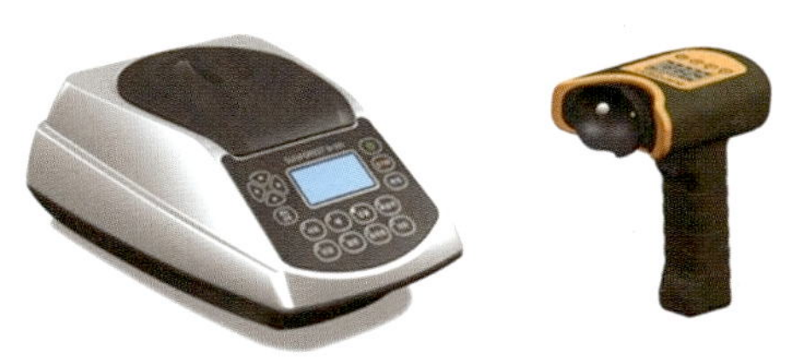

비파괴 당도 측정기(ⓒ 농촌진흥청)

당도를 비교해 봐요.

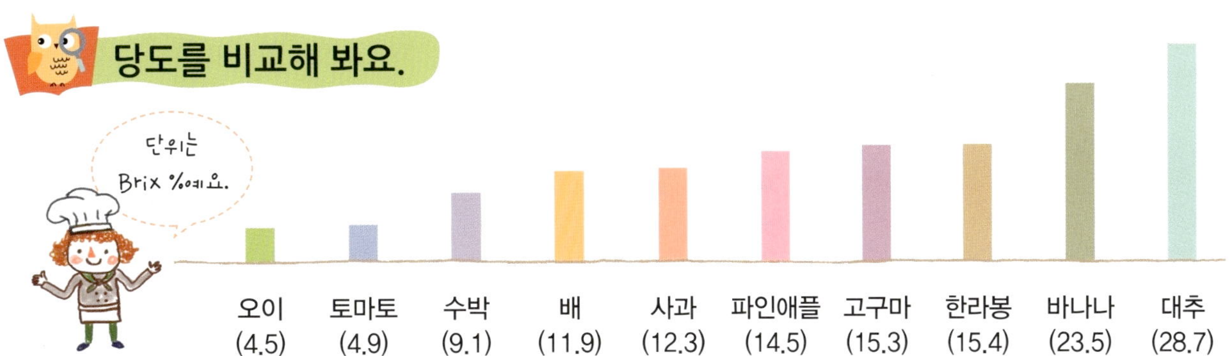

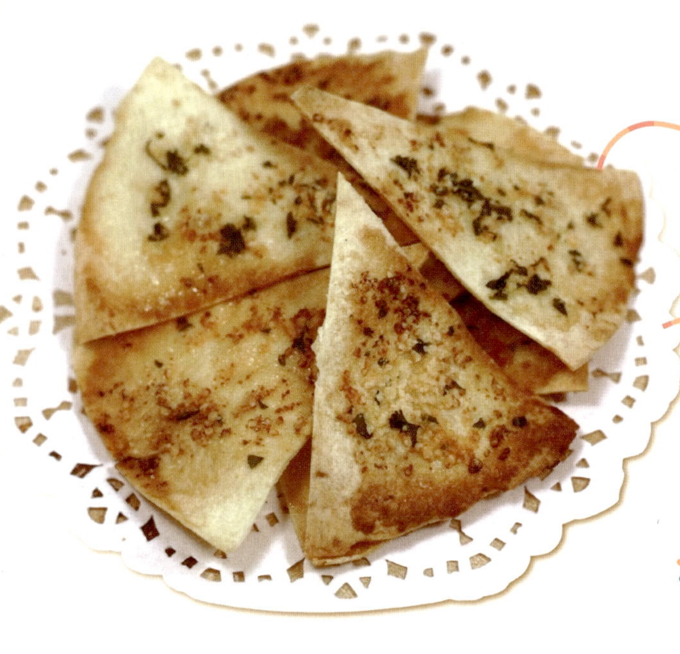

허니 치즈 칩

재료 토르티야 3장, 꿀·파메르산 치즈 2큰술, 버터·파슬리 1큰술

도구 믹싱 볼, 숟가락, 가위, 요리 붓, 오븐 팬, 오븐, 오븐 장갑

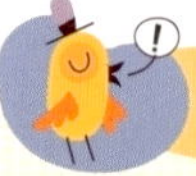  **순서대로 따라해 보아요.**

1 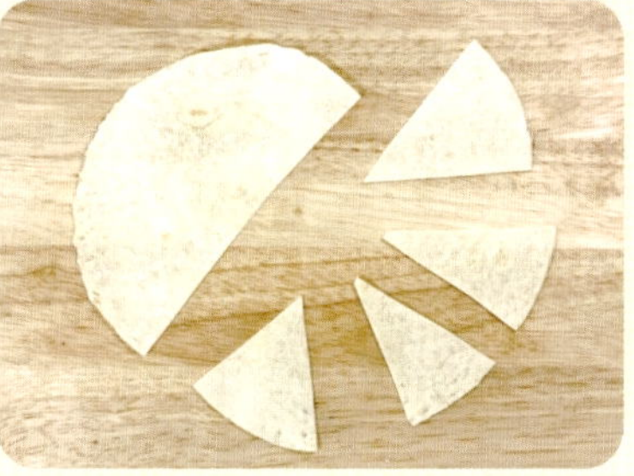

토르티야를 먹기 좋은 크기로 등분하여 잘라 주세요.

2 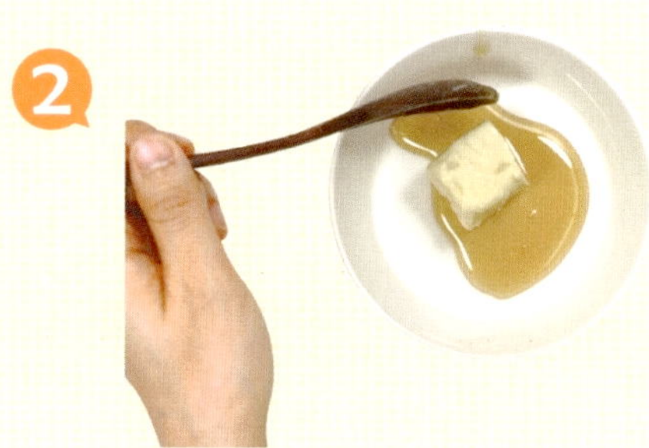

버터와 꿀을 섞어서 토르티야에 발라 주세요.

3 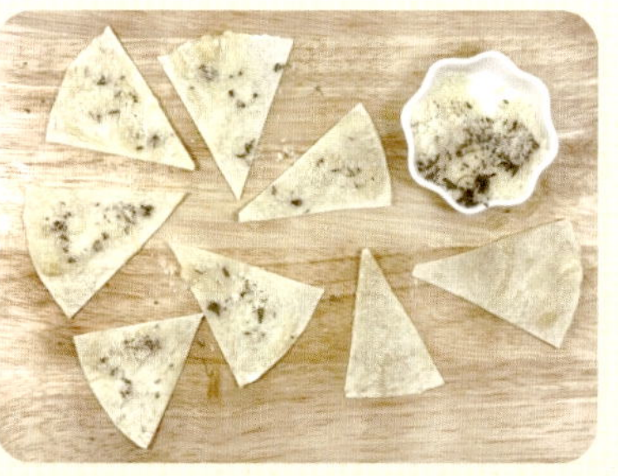

파메르산 치즈와 파슬리를 토르티야에 뿌려 주세요.

4 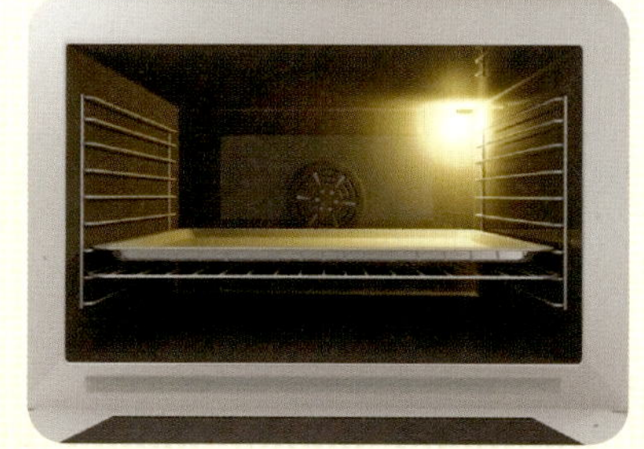

예열(180℃)된 오븐에서 5분 동안 구워 주세요.

고대의 유목민들은 이곳저곳으로 가축에게 풀을 먹이기 위해 이동해 다녔어요. 먼 길을 나설 때 물은 필수였기 때문에 동물의 위를 잘라서 만든 튼튼한 가죽 물통을 사용하였어요. 이 물통에는 물뿐만 아니라, 동물의 젖도 보관하였지요. 어느 날 물통에 넣어 둔 양의 젖을 확인해 보니, 덩어리의 형태로 굳어진 것이에요. 이것이 치즈의 시작이었어요. 유목민들은 맛도 좋고, 몸에도 좋은 이 덩어리 형태의 우유를 개발하기 시작하였고, 이후로 사람들은 발효 과정을 거친 치즈를 만들어 먹게 되었답니다.

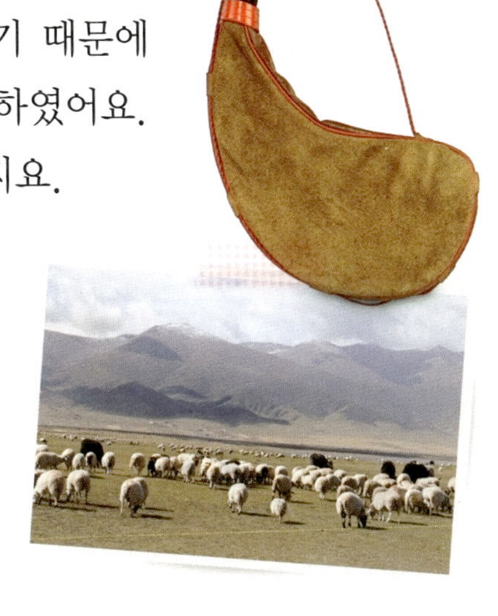

치즈의 분류

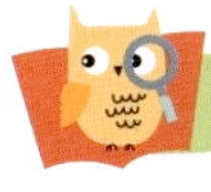

수분 30~50%의 초경질 치즈
가장 단단해서 꼭 갈아서 가루로 먹는 파르메르산 치즈

수분 50~70%의 반연질 치즈
말랑 말랑한 느낌의 모차렐라 치즈

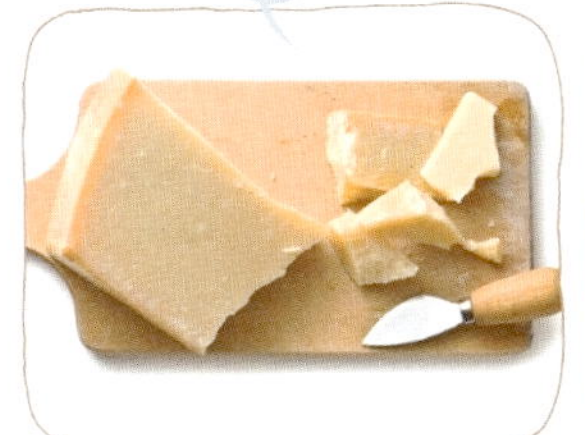

파르메르산 치즈

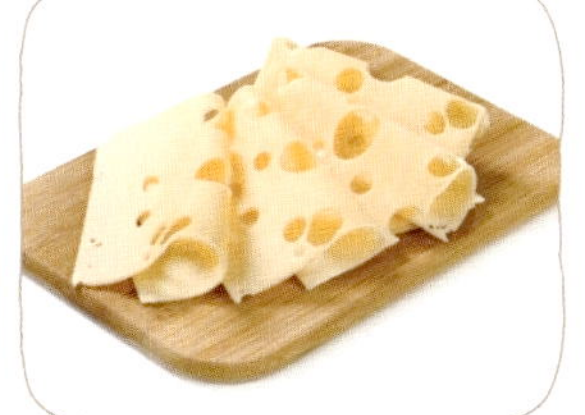

에멘탈 치즈

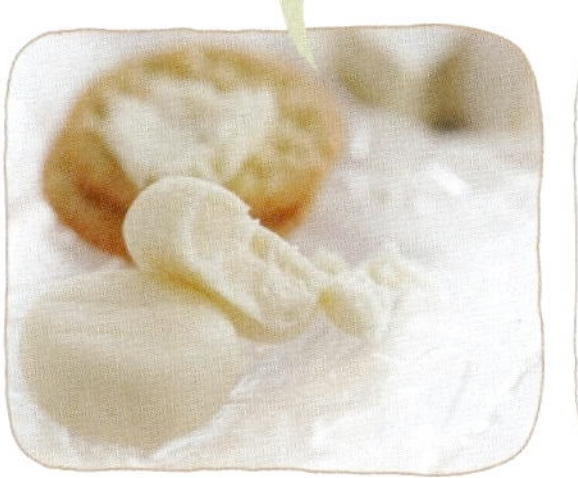

모차렐라 치즈

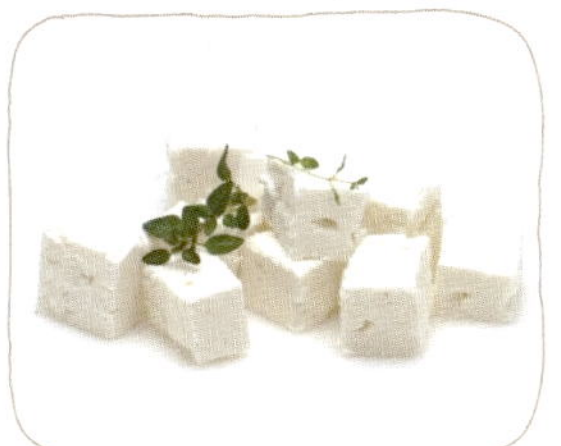

리코타 치즈

수분 40~50%의 경질 치즈
조금 단단한 구멍이 뽕뽕 뚫린 에멘탈 치즈

수분 80% 이상인 연질 치즈
부드러운 질감의 리코타 치즈

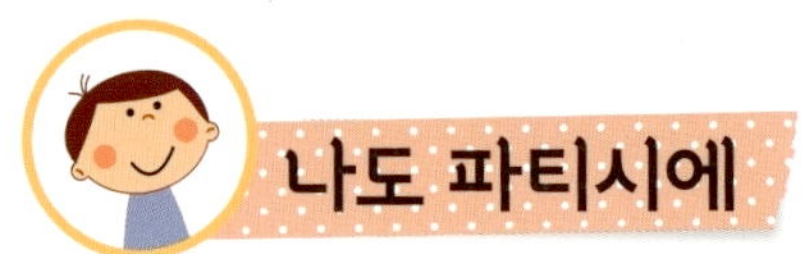

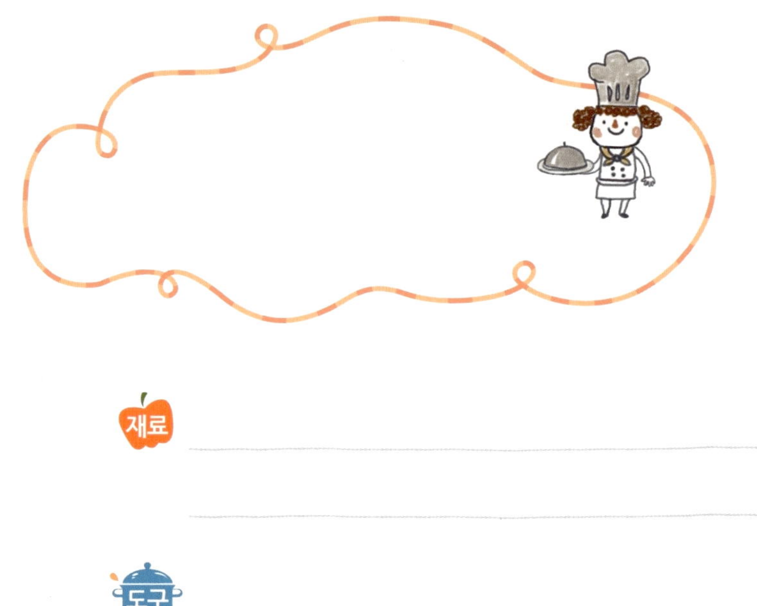

재료

도구

❶

❷

❸

❹

요리 난이도	
요리 시간	
맛 평가	
조리 방법	
재료의 영양소 구분	탄수화물이 많은 재료: 단백질이 많은 재료: 지방이 많은 재료: 비타민과 무기질이 많은 재료:
오늘 요리의 이야기	
요리 활동 후 느낀 점	

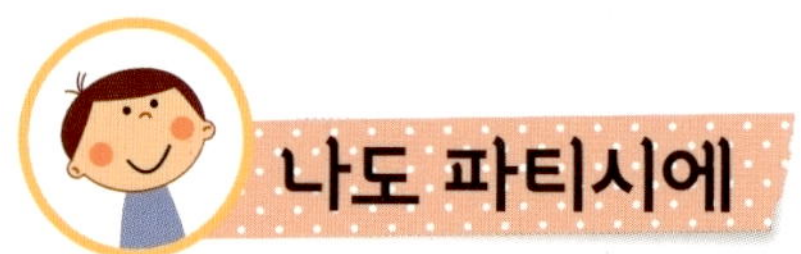

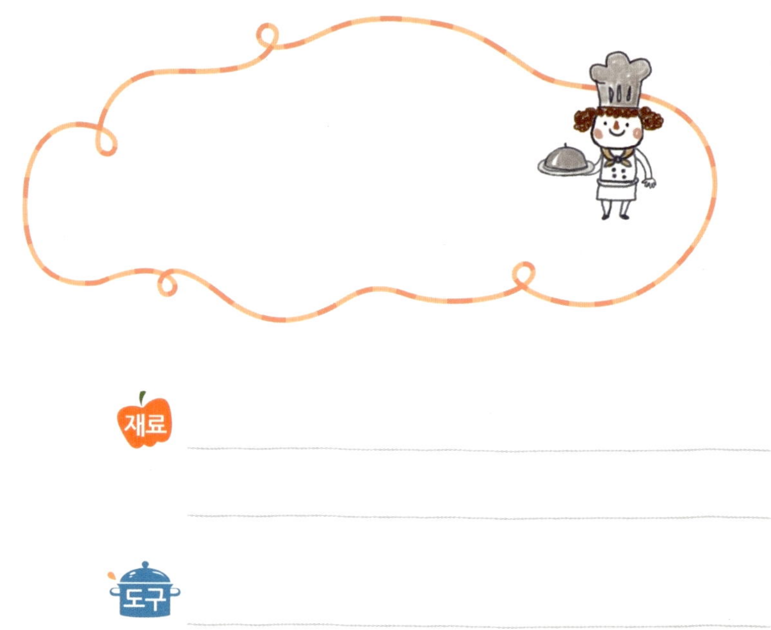

재료

도구

순서대로 따라해 보아요.

1

2

3

4

요리 난이도	
요리 시간	
맛 평가	
조리 방법	
재료의 영양소 구분	탄수화물이 많은 재료: 단백질이 많은 재료: 지방이 많은 재료: 비타민과 무기질이 많은 재료:
오늘 요리의 이야기	
요리 활동 후 느낀 점	

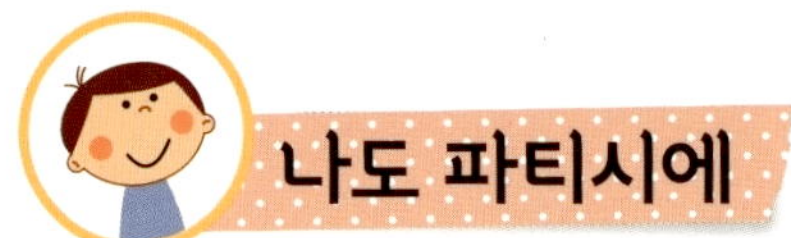

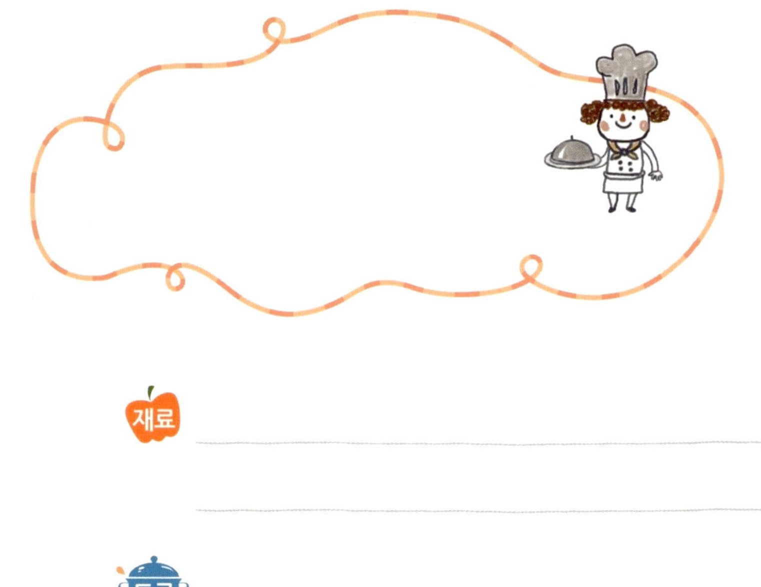

재료

도구

순서대로 따라해 보아요.

1

2

3

4

요리 난이도	
요리 시간	
맛 평가	
조리 방법	
재료의 영양소 구분	탄수화물이 많은 재료: 단백질이 많은 재료: 지방이 많은 재료: 비타민과 무기질이 많은 재료:
오늘 요리의 이야기	
요리 활동 후 느낀 점	

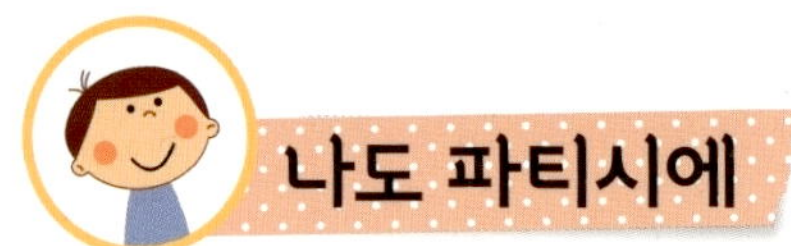

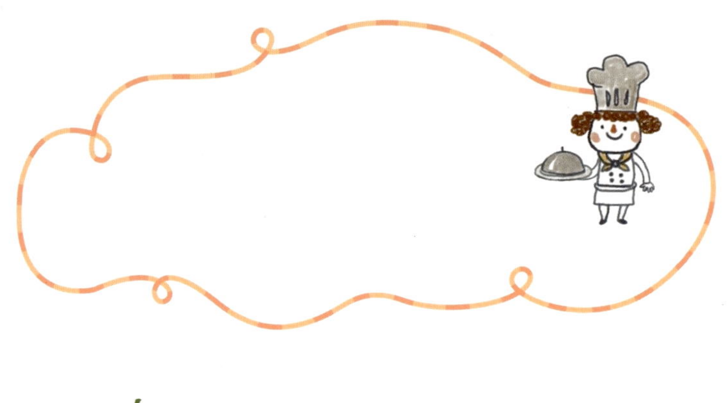

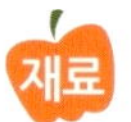

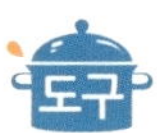

순서대로 따라해 보아요.

1

2

3

4

요리 난이도	
요리 시간	
맛 평가	
조리 방법	
재료의 영양소 구분	탄수화물이 많은 재료: 단백질이 많은 재료: 지방이 많은 재료: 비타민과 무기질이 많은 재료:
오늘 요리의 이야기	
요리 활동 후 느낀 점	

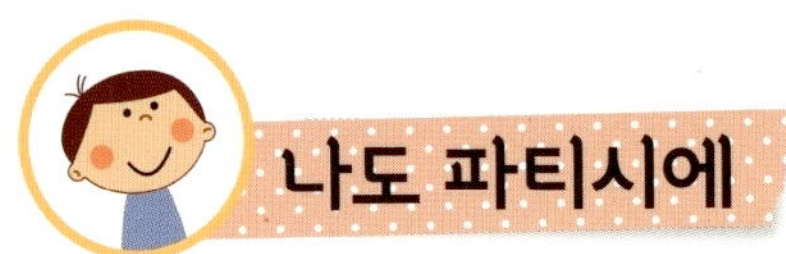

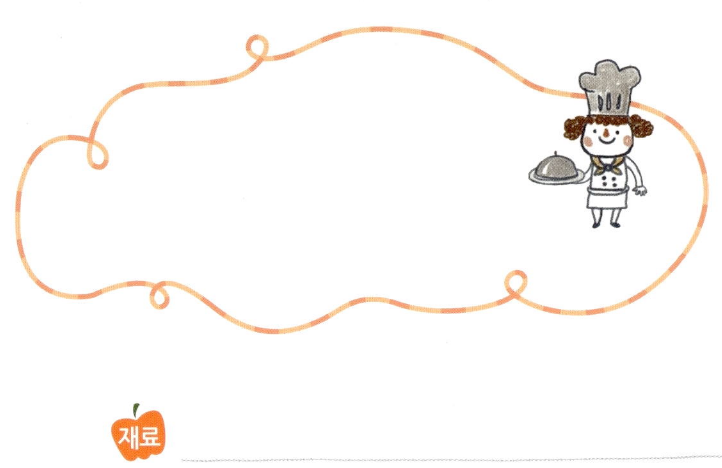

재료

도구

순서대로 따라해 보아요.

❶

❷

❸

❹

요리 난이도	
요리 시간	
맛 평가	
조리 방법	
재료의 영양소 구분	탄수화물이 많은 재료: 단백질이 많은 재료: 지방이 많은 재료: 비타민과 무기질이 많은 재료:
오늘 요리의 이야기	
요리 활동 후 느낀 점	

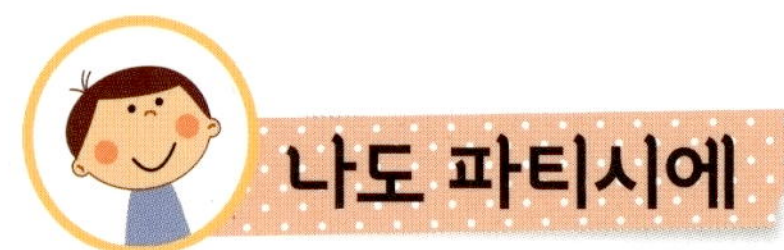

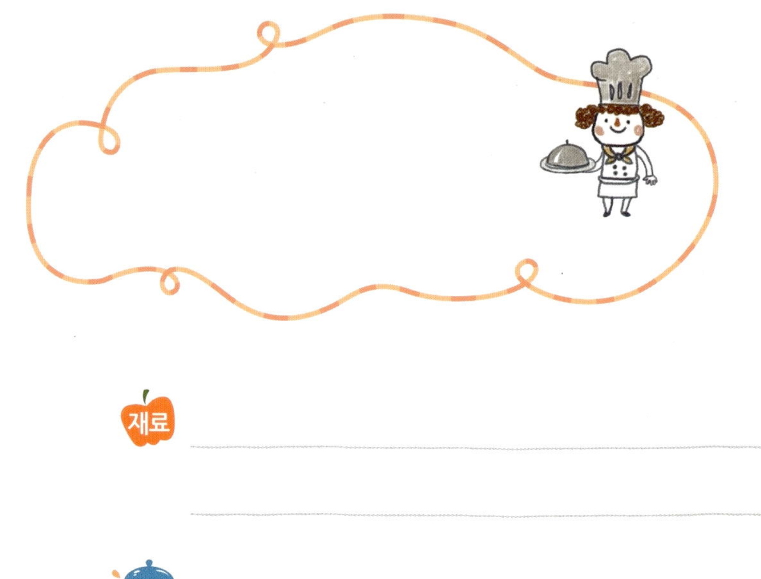

재료

도구

순서대로 따라해 보아요.

1

2

3

4

요리 난이도	
요리 시간	
맛 평가	
조리 방법	
재료의 영양소 구분	탄수화물이 많은 재료: 단백질이 많은 재료: 지방이 많은 재료: 비타민과 무기질이 많은 재료:
오늘 요리의 이야기	
요리 활동 후 느낀 점	

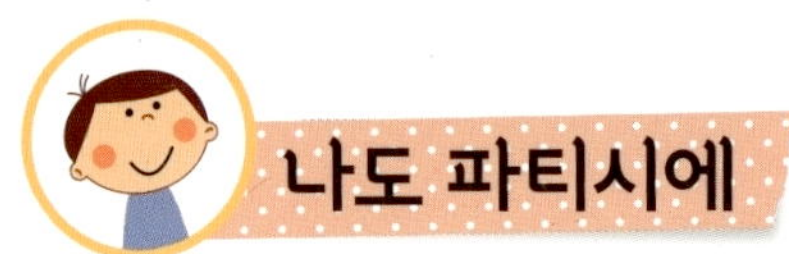

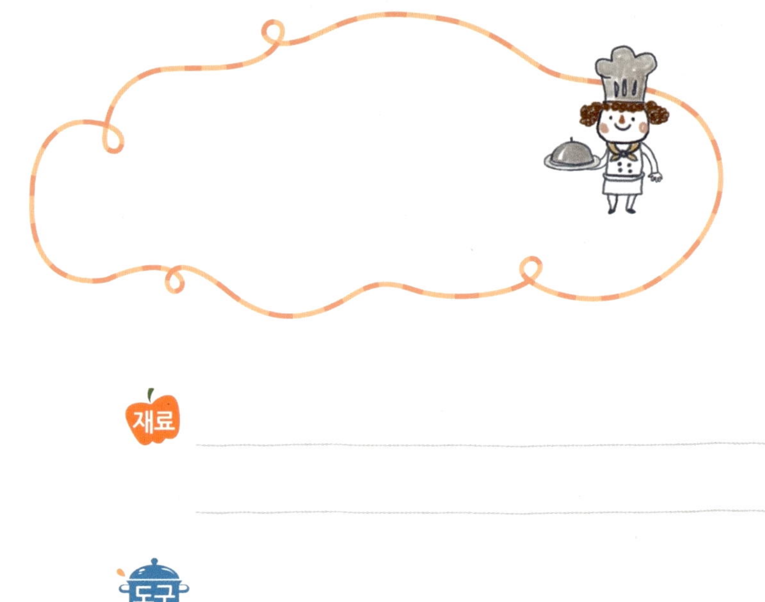

재료

도구

순서대로 따라해 보아요.

1

2

3

4

요리 난이도	
요리 시간	
맛 평가	
조리 방법	
재료의 영양소 구분	탄수화물이 많은 재료: 단백질이 많은 재료: 지방이 많은 재료: 비타민과 무기질이 많은 재료:
오늘 요리의 이야기	
요리 활동 후 느낀 점	

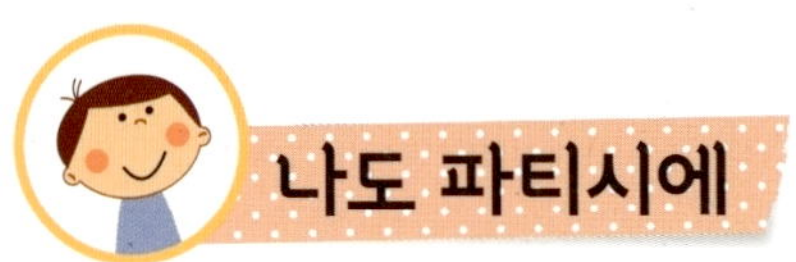

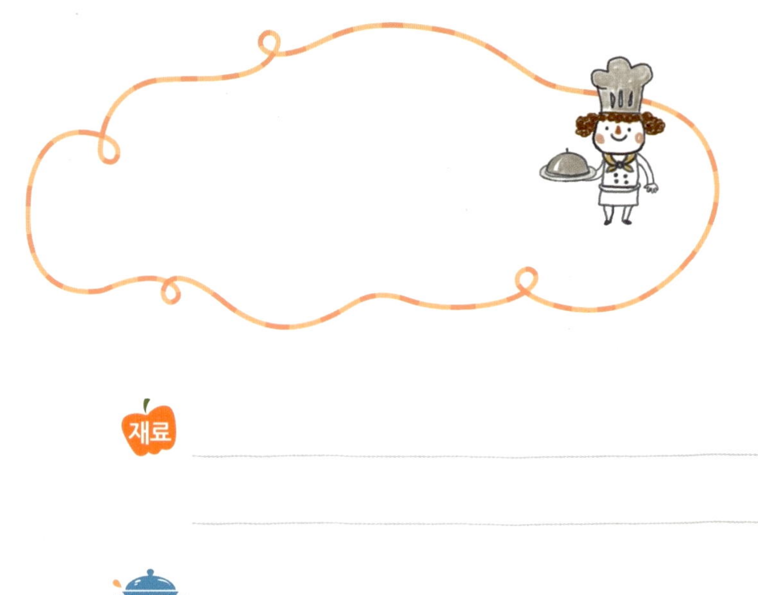

도구

순서대로 따라해 보아요.

1

2

3

4

요리 난이도	
요리 시간	
맛 평가	
조리 방법	
재료의 영양소 구분	탄수화물이 많은 재료: 단백질이 많은 재료: 지방이 많은 재료: 비타민과 무기질이 많은 재료:
오늘 요리의 이야기	
요리 활동 후 느낀 점	

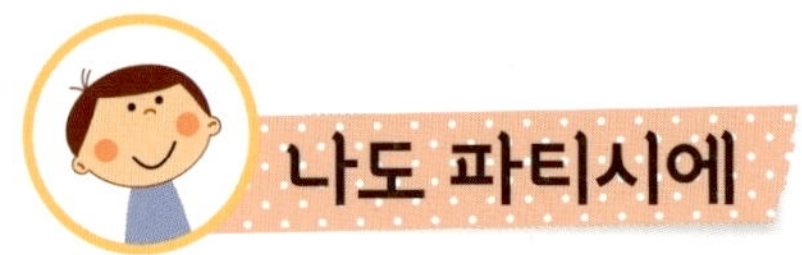

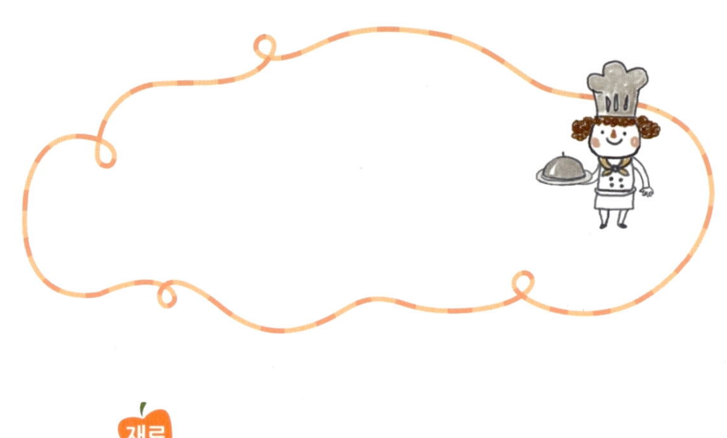

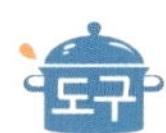

순서대로 따라해 보아요.

1

2

3

4

생각 꾸러미

요리 난이도	
요리 시간	
맛 평가	
조리 방법	
재료의 영양소 구분	탄수화물이 많은 재료: 단백질이 많은 재료: 지방이 많은 재료: 비타민과 무기질이 많은 재료:
오늘 요리의 이야기	
요리 활동 후 느낀 점	

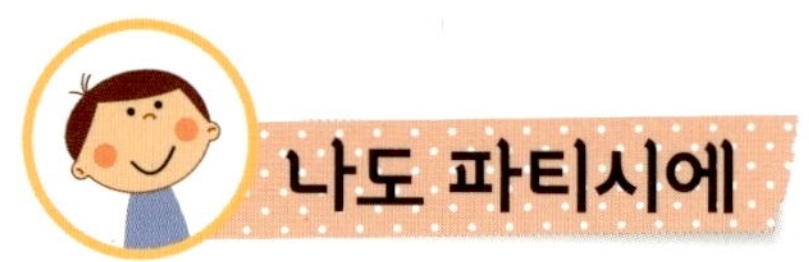

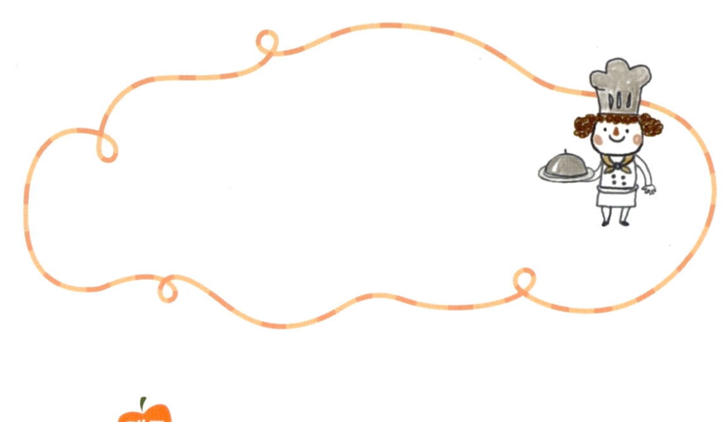

재료

도구

순서대로 따라해 보아요.

①

②

③

④

요리 난이도	
요리 시간	
맛 평가	
조리 방법	
재료의 영양소 구분	탄수화물이 많은 재료: 단백질이 많은 재료: 지방이 많은 재료: 비타민과 무기질이 많은 재료:
오늘 요리의 이야기	
요리 활동 후 느낀 점	

주니어 셰프 & 파티시에 파티시에 편

2019년 9월 1일 초판 2쇄 인쇄
2019년 9월 10일 초판 2쇄 발행

지은이   송보가, 윤선혜
펴낸이   이미래

펴낸곳   씨마스
등록번호   제 301-2011-214호
주소   서울특별시 중구 서애로 23 통일빌딩
전화   (02)2274-7762~3
팩스   (02)2278-6702
홈페이지   www.cmass21.co.kr
E-mail   licence@cmass.co.kr

기획   정춘교
진행   황선미
편집   강원경, 양병수, 구나영
마케팅   장석, 주수현
디자인   표지_ 이기복, 내지_ 이선주

ISBN   979-11-5672-088-1

정가 10,000원

 여러 가지 스티커를 활용하여 나만의 요리책을 만들어 보아요.

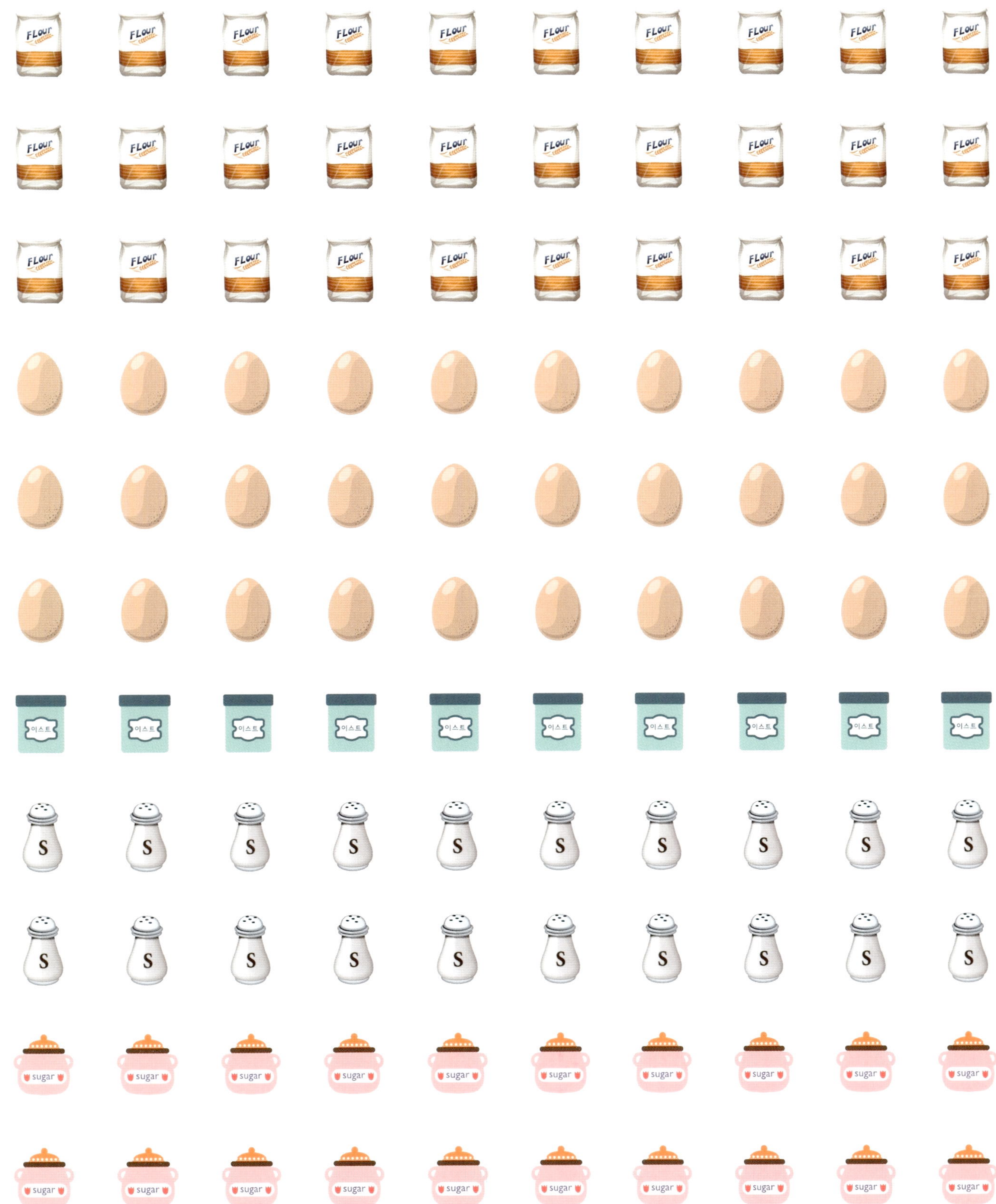

 여러 가지 스티커를 활용하여 나만의 요리책을 만들어 보아요.

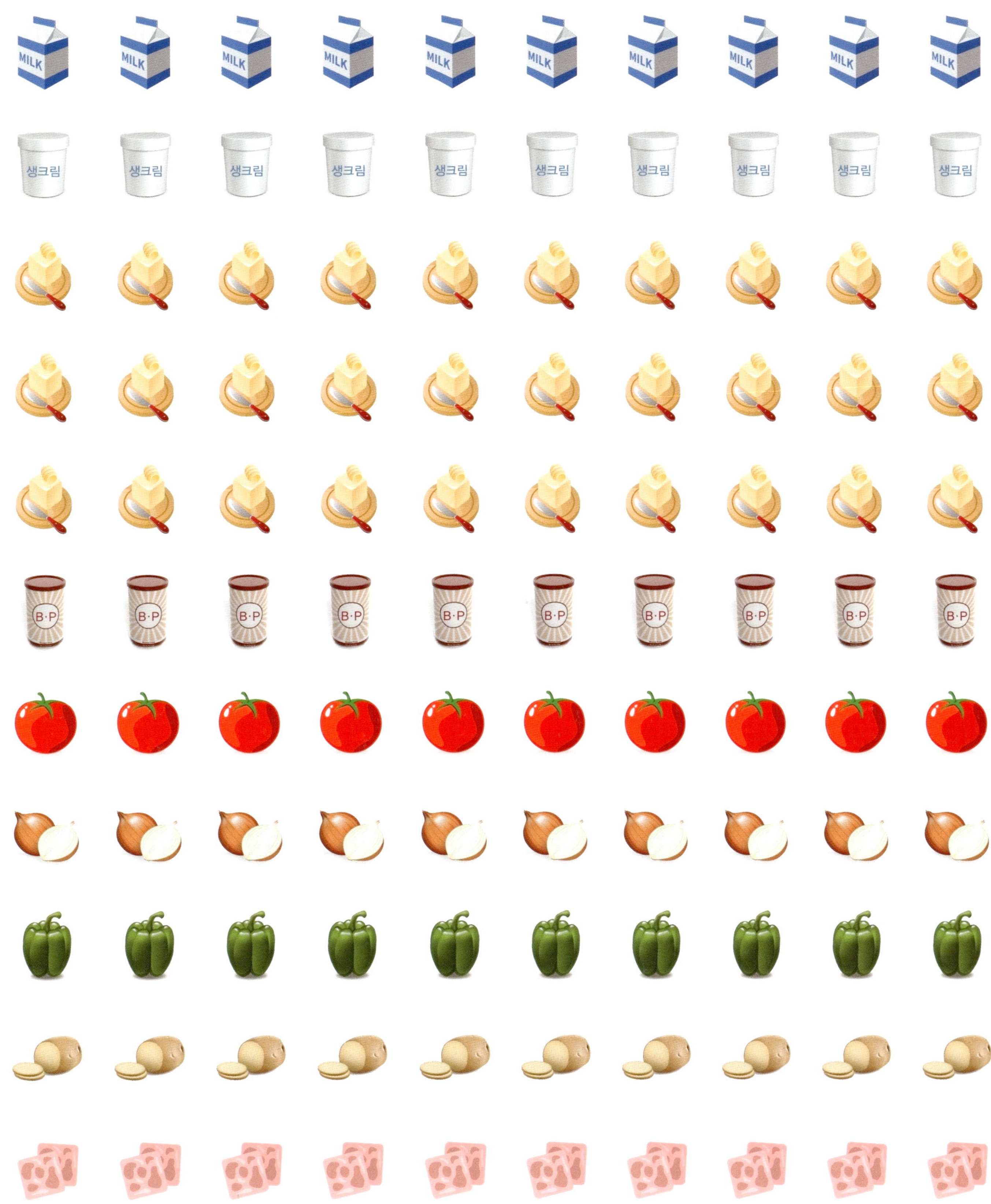

 여러 가지 스티커를 활용하여 나만의 요리책을 만들어 보아요.

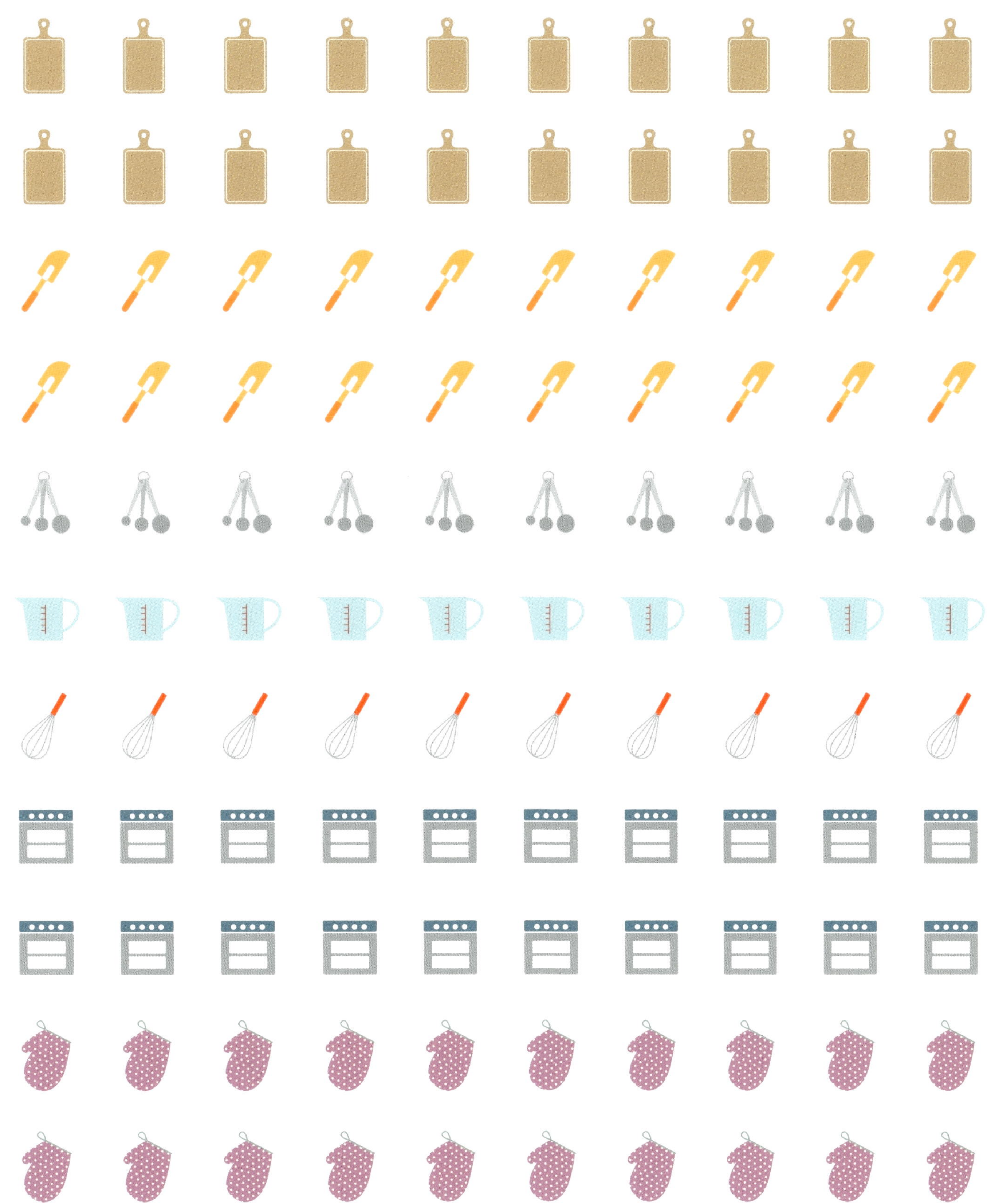

 여러 가지 스티커를 활용하여 나만의 요리책을 만들어 보아요.

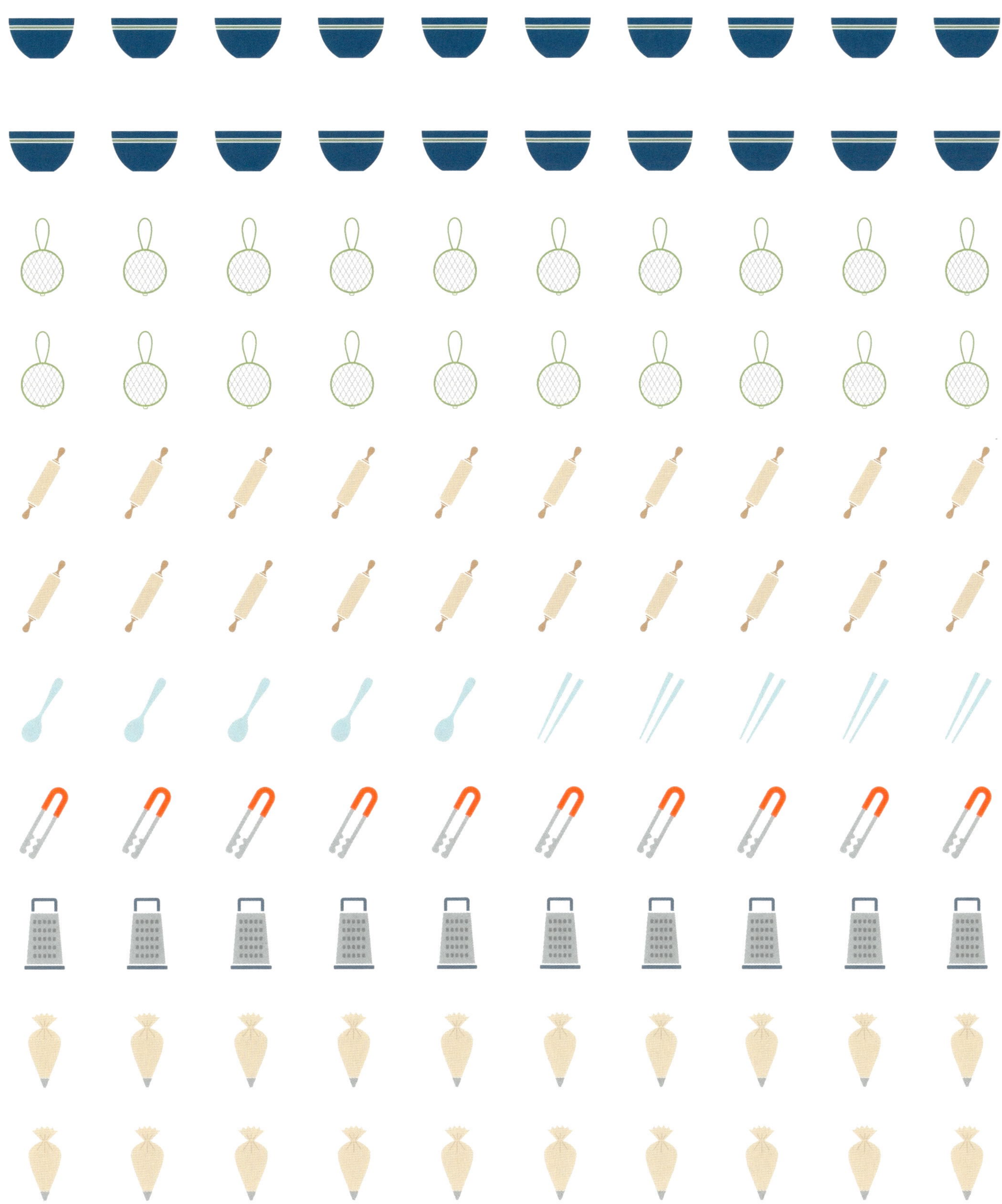

요리 제목 :
요리 완성 :　　월　　일　　시
유통 기한 :　　월　　일　　시

요리 제목 :
요리 완성 :　　월　　일　　시
유통 기한 :　　월　　일　　시

요리 제목 :
요리 완성 :　　월　　일　　시
유통 기한 :　　월　　일　　시

요리 제목 :
요리 완성 :　　월　　일　　시
유통 기한 :　　월　　일　　시

요리 제목 :
요리 완성 :　　월　　일　　시
유통 기한 :　　월　　일　　시

요리 제목 :
요리 완성 :　　월　　일　　시
유통 기한 :　　월　　일　　시

요리 제목 :
요리 완성 :　　월　　일　　시
유통 기한 :　　월　　일　　시

요리 제목 :
요리 완성 :　　월　　일　　시
유통 기한 :　　월　　일　　시

요리 제목 :
요리 완성 :　　월　　일　　시
유통 기한 :　　월　　일　　시

요리 제목 :
요리 완성 :　　월　　일　　시
유통 기한 :　　월　　일　　시

요리 제목 :
요리 완성 :　　월　　일　　시
유통 기한 :　　월　　일　　시

요리 제목 :
요리 완성 :　　월　　일　　시
유통 기한 :　　월　　일　　시

 완성된 요리에 스티커를 붙여 깔끔하게 포장해 주세요.

요리 제목 :

요리 완성 :　　월　　일　　시

유통 기한 :　　월　　일　　시

요리 제목 :

요리 완성 :　　월　　일　　시

유통 기한 :　　월　　일　　시

요리 제목 :

요리 완성 :　　월　　일　　시

유통 기한 :　　월　　일　　시

요리 제목 :

요리 완성 :　　월　　일　　시

유통 기한 :　　월　　일　　시

요리 제목 :

요리 완성 :　　월　　일　　시

유통 기한 :　　월　　일　　시

요리 제목 :

요리 완성 :　　월　　일　　시

유통 기한 :　　월　　일　　시

요리 제목 :

요리 완성 :　　월　　일　　시

유통 기한 :　　월　　일　　시

요리 제목 :

요리 완성 :　　월　　일　　시

유통 기한 :　　월　　일　　시

요리 제목 :

요리 완성 :　　월　　일　　시

유통 기한 :　　월　　일　　시

요리 제목 :

요리 완성 :　　월　　일　　시

유통 기한 :　　월　　일　　시

요리 제목 :

요리 완성 :　　월　　일　　시

유통 기한 :　　월　　일　　시

요리 제목 :

요리 완성 :　　월　　일　　시

유통 기한 :　　월　　일　　시

완성된 요리에 스티커를 붙여 깔끔하게 포장해 주세요.

요리 제목 :

요리 완성 :　　월　　일　　시

유통 기한 :　　월　　일　　시

요리 제목 :

요리 완성 :　　월　　일　　시

유통 기한 :　　월　　일　　시

요리 제목 :

요리 완성 :　　월　　일　　시

유통 기한 :　　월　　일　　시

요리 제목 :

요리 완성 :　　월　　일　　시

유통 기한 :　　월　　일　　시

요리 제목 :

요리 완성 :　　월　　일　　시

유통 기한 :　　월　　일　　시

요리 제목 :

요리 완성 :　　월　　일　　시

유통 기한 :　　월　　일　　시

요리 제목 :

요리 완성 :　　월　　일　　시

유통 기한 :　　월　　일　　시

요리 제목 :

요리 완성 :　　월　　일　　시

유통 기한 :　　월　　일　　시

요리 제목 :

요리 완성 :　　월　　일　　시

유통 기한 :　　월　　일　　시

요리 제목 :

요리 완성 :　　월　　일　　시

유통 기한 :　　월　　일　　시

요리 제목 :

요리 완성 :　　월　　일　　시

유통 기한 :　　월　　일　　시

요리 제목 :

요리 완성 :　　월　　일　　시

유통 기한 :　　월　　일　　시

 완성된 요리에 스티커를 붙여 깔끔하게 포장해 주세요.

요리 제목 :
요리 완성 : 월 일 시
유통 기한 : 월 일 시

요리 제목 :
요리 완성 : 월 일 시
유통 기한 : 월 일 시

요리 제목 :
요리 완성 : 월 일 시
유통 기한 : 월 일 시

요리 제목 :
요리 완성 : 월 일 시
유통 기한 : 월 일 시

요리 제목 :
요리 완성 : 월 일 시
유통 기한 : 월 일 시

요리 제목 :
요리 완성 : 월 일 시
유통 기한 : 월 일 시

요리 제목 :
요리 완성 : 월 일 시
유통 기한 : 월 일 시

요리 제목 :
요리 완성 : 월 일 시
유통 기한 : 월 일 시

요리 제목 :
요리 완성 : 월 일 시
유통 기한 : 월 일 시

요리 제목 :
요리 완성 : 월 일 시
유통 기한 : 월 일 시

요리 제목 :
요리 완성 : 월 일 시
유통 기한 : 월 일 시

요리 제목 :
요리 완성 : 월 일 시
유통 기한 : 월 일 시